别莱利曼

趣味科学

作品全集

| 趣味数学世界 |

［俄］别莱利曼（Я.И.ПЕРЕЛЬМАН）／著

王梓　汤晨／译

中国青年出版社

（京）新登字083号

图书在版编目（CIP）数据

趣味数学世界／（俄罗斯）别莱利曼著；王梓，汤晨译.
—北京：中国青年出版社，2016.1
（别莱利曼趣味科学作品全集）
ISBN 978-7-5153-4182-8

Ⅰ．①趣… Ⅱ．①别… ②王… ③汤… Ⅲ．①数学—青
少年读物 Ⅳ．①O1-49

中国版本图书馆CIP数据核字（2016）第106428号

责任编辑：彭　岩
＊
中国青年出版社出版 发行
社址：北京东四12条21号　邮政编码：100708
网址：www.cyp.com.cn
编辑部电话：（010）57350407　门市部电话：（010）57350370
三河市君旺印务有限公司印刷　新华书店经销
＊
660×970　1/16　17.75印张　4插页　180千字
2016年5月北京第1版　2022年1月河北第4次印刷
定价：32.00元
本书如有印装质量问题，请凭购书发票与质检部联系调换
联系电话：（010）57350337

雅科夫·伊西达洛维奇·别莱利曼（Я. И. Перельман，1882~1942）是一个不能用"学者"本意来诠释的学者。别莱利曼既没有过科学发现，也没有什么称号，但是他把自己的一生都献给了科学；他从来不认为自己是一个作家，但是他的作品的印刷量足以让任何一个成功的作家艳羡不已。

别莱利曼诞生于俄国格罗德诺省别洛斯托克市。他17岁开始在报刊上发表作品，1909年毕业于圣彼得堡林学院，之后便全力从事教学与科学写作。1913~1916年完成《趣味物理学》，这为他后来创作的一系列趣味科学读物奠定了基础。1919~1923年，他创办了苏联第一份科普杂志《在大自然的工坊里》，并任主编。1925~1932年，他担任时代出版社理事，组织出版大量趣味科普图书。1935年，别莱利曼创办并运营列宁格勒（圣彼得堡）"趣味科学之家"博物馆，开展了广泛的少年科学活动。在苏联卫国战争期间，别莱利曼仍然坚持为苏联军人举办军事科普讲座，但这也是他几十年科普生涯的最后奉献。在德国法西斯侵略军围困列宁格勒期间，这位对世界科普事业做出非凡贡献的趣味科学大师不幸于1942年3月16日辞世。

别莱利曼一生写了105本书，大部分是趣味科学读物。他的作品中很多部已经再版几十次，被翻译成多国语言，至今依然在全球范围再版发行，深受全世界读者的喜爱。

凡是读过别莱利曼的趣味科学读物的人，无不为他作品的优美、流畅、充实和趣味化而倾倒。他将文学语言与科学语言完美结合，将生活实际与科学理论巧妙联系：把一个问题、一个原理叙述得简洁生动而又十分准确、妙趣横生——使人忘记了自己是在读书、学习，而倒像是在听什么新奇的故事。

1959年苏联发射的无人月球探测器"月球3号"传回了人类历史上第一张月球背面照片，人们将照片中的一个月球环形山命名为"别莱利曼"环形山，以纪念这位卓越的科普大师。

目 录

第五章 非十进制计数法

第六章 神奇数字的画廊

第七章 诚实的戏法

第八章 速算与万年历

第九章　数字王国的"巨无霸"

第十章　数字王国的"小不点儿"

第十一章　算术之旅

第十二章　迷宫

第十三章　火柴趣题

第十四章　七巧板

Chapter 1

第一章

数字和计数法的旧与新

算术奇谈

$$100 = 1 + 2 + 3 + 4 + 5 + 6 + 7 + 8 \times 9$$
$$= 12 + 3 - 4 + 5 + 67 + 8 + 9$$
$$= 12 - 3 - 4 + 5 - 6 + 7 + 87$$
$$= 123 + 4 - 5 + 67 - 89$$
$$= 123 - 45 - 67 + 89$$

神秘的记号 //////////////////////////////////////

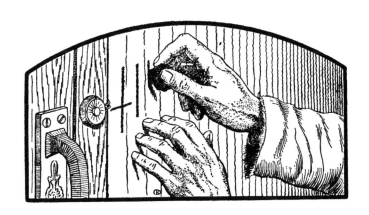

习题 ❶

　　1917年3月，也就是俄国革命①的最初几天里，彼得格勒许多居民家的房门上，不知怎的出现了一些神秘的记号，这令居民们备感困惑甚至不安。传言说，这些记号有着各种各样的形状。而我看到的记号形如感叹号，交替出现的还有一些十字符号，就像从前画在死者姓名旁边的十字架。人们普遍相信，这些记号绝不会有什么好的含义，它们给不知所措的公民们造成了恐慌。

　　城里开始流传不祥的谣言。人们开始议论纷纷，说是强盗团伙在给自己准备打劫的住宅做记号。为安抚民心，彼得格勒警察总长声称："已进行的调查表明，这些由看不见的手画在和平居民房门上的，形状像十字、字母或几何图形的神秘记号，是由奸细和德国间谍画的；"他要求居民把这些记号全都擦掉，不留一点痕迹，而"一旦发现做记号的人，应将其逮捕并按照规定押送警署"。

　　在我家以及我邻居家的房门上，也同样出现了神秘的感叹号和不祥的十字。然而，一些解决智力问题的经验帮助我猜透了神秘记号背后那并不奥妙、也全无恐怖可言的秘密。

---

① 指俄国二月革命，1917年3月8日（俄历2月23日）爆发于俄国彼得格勒的资产阶级革命，推翻了旧俄的罗曼诺夫王朝。——译注

解

我急于将自己的发现与其他同胞分享，于是在报纸上登出如下短讯[①]：

神秘的记号

在彼得格勒许多住房的墙上，出现了一些神秘的记号，而对这类记号的含义进行说明，想来是件不无益处的事情；尽管这些记号的形状十分骇人，实际上其初衷完全无害。我指的是这样的一类记号：

✝‼ ✝✝‼‼‼ ✝✝✝‼‼

许多民居都发现了类似的记号，就在房门旁黑漆漆的楼道里……。但确切地说，这类记号应该出现在一座房子里的所有房门上，而且在同一座房子里没有两个记号是完全相同的。这些阴森森的符号十分令人不安。其实，只要把记号与相应的门牌号做个对比，就很容易看出其含义是丝毫无害的。比如，上面举出的记号是我在12号、25号和33号房的房门上找到的：

✝‼ ✝✝‼‼‼ ✝✝✝‼‼
12　　　25　　　　33

不难猜出，十字表示10，而类似感叹号的图形表示1，至少在我观察到的情况里都毫无例外。显而易见，这种独特的计数方式是那些不懂得我们的数字的中国看门人所使用的[②]。

还有些神秘记号也具有同样的外形，不过其中的十字并不是立着，而是斜着的；这类记号的使用者，应该是来自俄国乡下的农民看门人。你看，这下清楚了吧：神秘记号的真正创造者根本不是什么可疑分子，他们用一种简单的方式来表示房间的门牌号，而这种记号直到现在才被察觉，并引发了一场恐慌。

---

① 参见《交易消息》晚报版，1917年3月16日。——原注
② 当时列宁格勒有很多这样的人。后来我才得知，用来表示10的汉字恰好是上述的十字形状（中国人并不使用我们的阿拉伯数字）。——原注

古老的民间计数法 //

用十字表示10，用小棍表示1——彼得格勒的看门人是从哪儿学到这种简单的计数方法的呢？当然，这些记号并不是他们在城里发明的，而是从故乡的农村带来的。很久以前，这种计数法就已经得到普遍应用，并且广为人知，即使是俄国最偏远地区的那些没文化的农民也懂得这种方法。毫无疑问，它可以追溯到远古时期，而且并不是只有我们使用这套方法。至于它与中国计数法之间的相近关系不用再解释了，而它与罗马数字计数法之间的相似也是一目了然的：在罗马数字中，小棍表示1，而斜着的十字"X"表示10。

有意思的是，这套民间计数法甚至曾被我们用法律形式确定下来：从前，税务官在收税册上做记录的时候，他们必须使用的就是这样一套系统，只不过更加发达罢了。我们可以在旧时的《法律大全》[①]中读到以下内容："税务官从户主处征收税款时，应亲自或由文书在收税册上进行登记，在该户主的姓名旁边写下：在何日期收到多少数目的钱款，并使用数字和符号记录收款数目。"为了让所有人都能看懂，这套记号在各地的表示方法都是一样的，也就是：

10 卢布[②] ·························□

1 卢布 ·····························○

10 戈比 ····························×

1 戈比 ·····························|

$\frac{1}{4}$ 戈比 ···························——

例如，28卢布57$\frac{3}{4}$戈比用如下图形表示：

□□○○○○○○○○××××× |||||||≡

---

① 全称《俄罗斯帝国法律大全》，是沙皇尼古拉一世统治时期（19世纪上半叶）编纂的一部法典。——译注
② 卢布和戈比是俄国的货币单位，1卢布＝100戈比。——译注

在《法律大全》同一卷中的另外一处，我们还能再次找到一些内容，提醒税务官务必使用这套计数法。书中为1000卢布设了一类特殊的记号——一个里面画有十字的六角星，而表示100卢布的记号则是有八根辐条的轮子。不过，这里用来表示1卢布和10戈比的方法与此前有所不同。

以下就是法律中对所谓"实物税记号"的记载：

在每张交给应缴实物税的贵族长的收据上，除了文字记述之外，还应当用特殊的计数符号注明缴纳的卢布数和戈比数，使得缴纳实物税者能够确信数目的正确性[①]。收据中所用记号表示的意思是：

☆ ·················· 1000卢布

⊗ ·················· 100卢布

□ ·················· 10卢布

× ·················· 1卢布

||||||||| ·················· 10戈比

| ·················· 1戈比

为了防止有人在收据上添加数目，所有这类记号都用直线围起来。例如，1232卢布24戈比是这样表示的：（见下图）

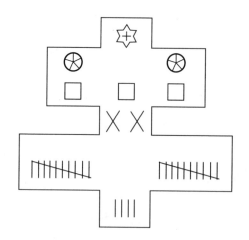

由此可见，常用的阿拉伯数字和罗马数字并不是唯一的计数方法。在

---

① 这表明，上述符号在民间得到了广泛使用。——原注

古代，俄国就采用过其他的书面计数系统，而且直到现在还在农村使用，它们同罗马数字只是稍微有点相似，与阿拉伯数字则完全不同。

早餐时的算术 //

看过前述内容之后，我们很容易想到：要想表示数目，不仅可以借助数字，还可以借助其他任何记号，甚至是物体——铅笔、钢笔尖、尺子、橡皮，诸如此类；只要规定好每个物体对应的特定数字的含义就行了。这可不仅仅是好玩儿，我们是可以借助物体表示加减乘除运算的。例如用餐具表示一系列数学运算（如图）：叉子、勺子、刀子、罐子、茶壶、碟子——这些都是记号，其中每件餐具代表一个特定的数字。

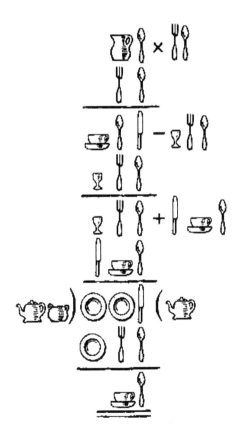

习题 ❷

看看这套厨具：刀叉、碗碟、壶罐……你能猜出来每个餐具代表哪个数吗？

这项任务初看起来非常困难，我们不得不像法国学者商博良[①]一样猜测这些真正的象形文字的含义。但实际上我们的任务要简单得多：我们知道，这里每件物品代表的是一个数，尽管这个十进制数是使用刀叉勺等餐具构成的。况且我们还知道，位于第七排的第二个碟子（从右边数）是十位数，它的右边是个位数，它的左边是百位数。除此之外，所有餐具的位置都是有特殊含义的，这些刀叉碟壶之间的关系都满足四则运算。这一切都让我们更能轻松地解决任务。

解

让我们一起来找到这些餐具代表的数字吧。首先看这个式子最上面的三行，"勺子"乘以"勺子"等于"刀子"，下一个算式中"刀子"减去"勺子"等于"勺子"，或者可以理解成"勺子"加"勺子"等于"刀子"。哪个数字在与自己相乘和相加的情况下结果是相等的呢？只有可能是数字2，因为 $2 \times 2 = 2 + 2$。这样，我们就知道"勺子"代表数字2，"刀子"代表数字4。

继续分析，"叉子"代表哪个数字呢？前三行中，"叉子"参与了乘法运算，在第三、四、五行，"叉子"参与了减法运算。在减法运算中，十位数上，"勺子"减去"叉子"等于"叉子"，也就是说2减去"叉子"等于"叉子"。只有以下两种可能性：第一种："叉子"代表数字1，此时有 $2 - 1 = 1$；第二种："叉子"代表6，因为2减去6可以等于6（从百位上借一位）。

那么"叉子"究竟是1还是6呢？让我们来假设一下，"叉子"代表的是数字6。注意第五和第六行，"叉子"＋"碗"＝"碟子"，也就是说，"碗"代表的数字应该小于4（因为"碟子"小于等于9）。但"碗"

---

① 让·弗朗索瓦·商博良（1790~1832）：法国考古学家，语言学家，成功解读了古埃及的象形文字。——译注

不会代表2，因为"勺了"已经代表2了；"碗"也不能代表1，否则在第二个减法运算后是不可能得到一个三位数的。最后，"碗"也不能代表3，因为如果它代表3，"酒杯"就只能代表1了（请看第四和第五行），因为在百位从十位进一的情况下，"酒杯"＋"酒杯"＋1＝"碗"；我们知道"酒杯"不可能代表1，否则第七排的"碟子"就只能代表5（"酒杯"＋"刀子"），但相邻一列的运算中"碟子"等于"叉子"＋"碗"，若"叉子"代表6，"碟子"一定大于5，这就出现矛盾了。也就是说，"叉子"不能等于6，而只能等于1。

在我们千辛万苦终于确定"叉子"代表数字1后，接下来我们可以自信而快速地解决其他数字了。从第三和第四行的减法运算中得知："碗"要么等于6要么等于8，8是不可能的，否则"酒杯"就应该等于4，但我们知道4是由"刀子"代表的。因此，"碗"代表数字6，而"酒杯"代表数字3。

那么第一排的"陶罐"代表了哪个数字呢？在知道第三排乘法的结果624和其中一个乘数（第二排的12）后，问题就变得容易解决了。显然，624÷12＝52，所以"陶罐"代表5。

接下来，"碟子"代表的数字也很容易确定了：第七排的第一个"碟子"等于"酒杯"＋"刀子"，第二个"碟子"等于"叉子"＋"碗"，所以"碟子"代表7。

只剩下"茶壶"和"糖罐"等待我们解决了！因为数字1、2、3、4、5、6、7都找到了对应的餐具，只剩下数字8、9、0了。我们设a代表"茶壶"，设b代表"糖罐"，则$774-(ab \times a)=62$且$ab \times a=712$。显然a和b都不可能等于0，只剩下两个方案：a等于8，b等于9；a等于9，b等于8。尝试之后得出结论，茶壶（a）代表8，糖罐（b）代表9。

这样，我们就解决了所有餐具代表的数字：

叉子＝1

勺子＝2

酒杯＝3

刀子＝4

陶罐＝5

碗＝6

碟子＝7

茶壶＝8

糖罐＝9

整个用餐具表示的四则运算意义如下：

$$
\begin{array}{r}
52 \\
\times 12 \\
\hline
624 \\
-312 \\
\hline
312 \\
+462 \\
\hline
774 - (89 \times 8) \\
-712 \\
\hline
62
\end{array}
$$

书架上的十进制 //

十进制计数法的特点也被应用到了从未预料到的领域——图书馆书籍分类。

通常情况下，每本书都有一个特有的编号，因此为了向图书管理员提供所需要的图书的编号，我们需要先在馆藏目录里进行查找。不过还有这样一种系统，它可以对书籍进行编号，使得这本书在所有图书馆中都是一样的编号。这就是所谓的"十进制书籍分类法"。

这个系统（遗憾的是该系统并没有得到普及）对于编纂书籍编号来说是非常简便的。该系统基于的理论事实是：每个学科领域都可以用一个数表示，而这个数的数字组成可以表示这门学科在整个科学体系中的具体位置。

首先把书籍划分成10个大类，用数字0到9表示。

0.概论性书籍

1.哲学

2.宗教

3.社会科学，法学

4.语文学，语言

5.物理数学和自然科学

6.应用科学（医学、工艺、农业等）

7.文艺作品

8.文学

9.历史，地理，传记

在这个系统中，书籍编号的第一个数字就能直接表明此书所属类别：哲学类书籍编号以数字1开头，数学类书籍编号以5开头，技术类书籍以6开头。反之，如果某书以数字4开头，我们无需打开书便可知道该书是属于语言学领域的。

接着，我们再将上述每个大类的书籍在第二层次上以数字的形式进行划分，各分成10个类别。比如，我们将第五类的物理数学和自然科学类书籍划分成以下几个类别：

50.物理数学与自然科学概论

51.数学

52.天文学，大地测量学

53.物理学，理论力学

54.化学，矿物学

55.地质学

56.古生物学

57.生物学，人类学

58.植物学

59.动物学

我们再对第六类书籍进行分类，在数字6应用科学后用1表示医学，也就是说以编号61开头的书籍是医学门类的，用63表示农业，64表示家政业，65表示贸易与交通，66表示化工与工艺等。同理，在第九类书籍中用91表示地理学和旅游书籍，等等。

书籍编号的第三位数字将对此书的内容性质做出更加明确的定性，指出它所属的次级学科。例如，在数学（51）这一门类中511表示算术，512表示代数，513表示几何。同理，我们择取以编号53开头的书籍，537表示电学，535表示光学，536表示热学，等等。

接下来还可以继续用数字对书籍进行更细的分类。

在这样以十进制给书籍编号的图书馆中，寻找我们所需的书就变得简单很多。举个例子，如果你想找到一本关于几何学的书籍的话，你只需要先找到书籍编号以5开头的书架，接着再去寻找以51开头的书架，最后找到以数字513开头的书架；在这个书架上你可以找到图书馆里所有关于几何学的书籍。这样就用不着看目录或者是麻烦图书管理员帮你寻找了。

不管图书馆的馆藏有多大，你都无需担心会发生图书编号不够用的情况[①]。反之，如果馆藏里没有某类书籍的话，这也不会妨碍十进位系统的应用，最糟糕的也只不过是某一列数字不会被用到罢了。

最受欢迎的数字

相信大家都已经发现，我们对某些数字有特别的偏好：大家都非常喜欢"整数"，也就是那些以0或5结尾的数。这种偏好深深根植于人的天性之中，其牢固程度超乎想象。不论地域或文明程度，人类对数字的偏好都是高度一致的。

每次人口普查中都能观察到一个现象：许多人的年龄都是以数字5或者0结尾的，可实际上根本就不该有这么多"整数年龄"的人。原因在于，人们有时候不能清楚地记得自己的年龄，于是会下意识地报出"整数年龄"。这种对"整数年龄"的偏好在古罗马人的墓碑上也可以窥见一斑。

这种一致的数字偏好还有更多的表现。德国心理学家卡尔·马布教授就对古罗马墓碑上的死亡年龄出现的概率进行了统计，并且将统计结果与美国阿拉巴马州（当地人口以未受过教育的黑人居多）人口普查中的年龄数据进行对比。结果令人震惊：古罗马人与现代阿拉巴马州黑人在数字喜恶上趋于一致。如果将这两个地方人口年龄的末尾数字按照出现频率进行排位，我们会得到一模一样的数字序列：

0，5，8，2，3，7，6，4，9，1

这还不是全部。为了弄清楚现代欧洲人对于数字的偏好情况，卡尔教授又做了以下试验：他给多名被试者看一张与手指差不多长的纸条，让他们各自目测纸条的长度（毫米数）。教授一一记下被试者的答案。之后他又统计了这些答案的末尾数字，结果又得出了同样的数列：

0，5，8，2，3，7，6，4，9，1

在人种和地理空间上相隔万里的人们都偏好以0和5结尾的"整数"，并对"非整数"（以1、9、4、6结尾的数）表现出了明显的排斥，这绝不

---

① 如有读者希望将这套系统用于实践，请参考世界图书馆学研究所编写的著作《十进制分类法》，其中提供了所有必需的信息。俄译本：A.M.罗维亚金［编］，列宁格勒，1923。——原注

仅仅只是偶然现象。你可以亲自做个实验来验证这种偏好：当被要求说出从1到10（或11到20，21到30，31到40，41到50等）中的任何一个数字时，大部分人都会选择5或以5结尾的数字，其他数字离5越远，就会越难被选到。换句话说，对数字的好恶完全是按照上述顺序依次渐变的。

毫无疑问，人们对于数字5和10的普遍喜爱与我们的十进制计数法有直接关系，归根结蒂，是和人有十个手指的事实密不可分的。可是，为什么一个数字离5和10越远，我们对它的好感就越低呢？这至今仍是个不解之谜。

很多人都未曾想到，我们其实为这种对"整数"的偏好付出了高昂的代价。商品的零售价总是趋向"整数"；即使计算出的售价不是"整数"，商家也非要把它凑成一个更大的"整数"不可。例如，书的价格很少定为57戈比、63戈比或84戈比，而常常是60戈比、65戈比或85戈比。然而，凑"整数价格"时多出的钱却不会落到商家头上，最终还是得由顾客埋单。或许顾客们也更乐意购买"整数价格"的商品，但从全国范围来看，他们为这种偏好多付的钱是一个相当惊人的数目。很久之前，就有人做过粗略的统计：由于"非整数价格"和"整数价格"之间的差价，全俄居民每年要多支付给商家3000多万卢布。对"整数"的偏好原本无害，可我们为之付出的代价是不是太大了呢？

2

第二章

九九乘法表中的绊脚石

以9为乘数的简便算法

这里介绍一种非常有趣的算法：一位数乘以9。比如说要计算7×9，把两只手并排放在桌上，从左数起，卷起第七根手指。第七根手指左边有6根手指，右边有3根手指，因此有$6 \times 10 + 3 = 63$。

同理，计算5×9时，卷起第五根手指，左边有4根手指，右边有5根手指，结果是45。

请读者自己探索这种算法的数学依据吧。

乘法表好难 //

乘法表可能是小学生们学习时遇到的最为苦恼的事了。在俄罗斯，大数学家、教育家列昂尼基·马格尼茨基[①]曾写下十分奇怪的诗，旨在鼓励人们好好牢记九九乘法表。

可能很多人，特别是成年人，已经忘记了那段殚精竭虑、苦心牢记九九乘法表的时光，但还是有人会记得，这个表格中每个算式的记忆难度是不一样的。有些算式记忆起来非常迅速，似乎不用花费太多力气，甚至是看一遍就记住了，比如：$5 \times 5 = 25$，$8 \times 2 = 16$。而另外一些算式记忆起来就比较困难，重复念几遍之后似乎记住了，但是很快又忘记了，因此需要不断重复记忆直到这些算式根植于我们脑中。仔细回想一下，$7 \times 8 = 56$——你当时很快就记住了吗？这个算式对于很多人来说是九九乘法表中比较难的一个。

为了掌握算术这门科学，必须不差分毫地记住这个九九乘法表里的所有算式：多位数的乘除法是建立在对九九乘法表熟练掌握的基础上的。马格尼茨基曾写道：所有科学领域都无法摆脱九九乘法表。这句话是颇有道理的，不管是现在，还是在马格尼茨基时代，这个地球上数以千万计的青年学生们都在不辞辛苦地记忆着九九乘法表。

为了使记忆九九乘法表变得更加轻松，最近教育心理学专家们特别注意了乘法表中尤难记忆的部分，并对其进行研究。实验结果很有趣：似乎对于所有人来说，九九乘法表中最难记忆的部分都是以下五个算式：

$$8 \times 7 = 56$$
$$9 \times 7 = 63$$
$$9 \times 8 = 72$$
$$7 \times 6 = 42$$
$$9 \times 6 = 54$$

---

① "《算术，又名计算之学》，为教育我国少年及各界人士（不拘官阶与年龄），依沙皇陛下彼得·阿列克谢耶维奇之令，于我主耶稣纪年1703年在大莫斯科城付印问世。"——原注

列·菲·马格尼茨基（1669~1739），俄罗斯数学家，教育家。他的代表作《算术》是18世纪俄国一部非常重要的数学知识百科全书。——译注

成百上千的试验对象中，无论是孩子还是成人，大部分被试者都指出九九乘法表中最难记忆的就是这五个算式，而8×7＝56几乎被所有人认定为最难记忆的。如果我们将九九乘法表中的算式按照难度排列，就是以下顺序：

$$8 \times 6$$
$$8 \times 8$$
$$7 \times 6$$
$$8 \times 4$$
$$7 \times 4$$
$$7 \times 5$$
$$7 \times 3$$
$$5 \times 4$$
$$8 \times 5$$
$$6 \times 4$$

接着"九九乘法表中的绊脚石"的试验者们做了一个仔细的调查：乘法表中哪一纵列比较难以掌握？调查得到的结果也是一样的。最难记忆的是以7为乘数的纵列，接着是以8为乘数的纵列，紧随其后的分别是9和6。那么，乘法表中最容易记忆的算式又是哪些呢？和我们预料的一样，最简单的是纵列2，然后是3、5和4。

这项试验是在德国的中小学生和教师当中[1]进行的，想必试验结果和大部分读者的个人经历是相符的。毋庸置疑，所有人都同意那些以7、8和9为乘数的算式是最难记忆的，其中8×7、9×7、9×8、7×6和9×6又是难中之难，可能引起争议的就是五个算式按照难易程度的排列顺序了。即使是所向无敌、战胜所有算式难题的成年人，在十分疲惫的状态下或者需要快速计算时，有时也会在这些最基本的乘法上犯难……"8乘以7等于56吗？"

显然，如果我们经常对这些算式犯难乃至束手无策的话，它们就不是偶然成为人们的噩梦的。那么，背后的原因是什么呢？

---

[1] 参见马克斯·杜林《教育心理学杂志》，1912。——原注

原因有很多，最根本的原因在于我们在记忆数字时无意识地采用的方法。有些算式对我们来说十分容易记忆，那是因为我们采用了辅助方法（虽然通常情况下我们很难发现）。比如，当我们计算以2为乘数的算术的时候，我们会无意识地采用加法：比如：$4 \times 2 = 4 + 4$。通常"押韵"也会帮助我们记忆，比如："五五二十五"，"六六三十六"，"六八四十八"这些押韵的算式总是很容易记住，特别在年轻的时候。

那些能让九九乘法表记忆起来更为简便的原因可能需要很长时间才能列举完，况且这些原因并不是没有争议的。为什么$9 \times 9 = 81$比7×8或8×9要容易记忆呢？也许是因为81这个数字本身的特殊性：弯曲的8和笔直的1放在一起。数字本身的特性也能在记忆中发挥不小的作用，比如数字5，它与2~9中的所有奇数相乘结果都以5结尾。还有一些算式比较容易记住得益于它们在生活中经常使用（4×7——四个星期）。

大部分调查对象认为，那五个算式之所以难以记忆，在于它们较其他算式而言，既不押韵也没有什么外观上的特点；五个算式都是由四个不同但是十分相近的数字8、7、6、5构成的，这也加深了记忆难度；而且，乘法结果譬如56和54，非常容易混淆。所有这些难以察觉的原因都使这五个算式成了九九乘法表的学习者的绊脚石。

手指速算乘法

为了更加轻松掌握乘法表，我们可以求助自己的手：它就是计算器，我们可以用它快速算出从6×6到15×15的答案，用这种方法我们只需熟练背诵到乘法表中的5×5即可。

这种手指乘法已经在西伯利亚、乌克兰以及立窝尼亚①的穷乡僻壤得到普及，连小学生都可以用手指给你计算乘法。比如我们需要计算7×9时，我们弯曲一只手上的两根手指（$7 - 5 = 2$），而另一只手指弯曲四根（$9 - 5 = 4$），也就是说，每只手的弯曲手指数是乘数比5多出来的余数。请看下图：

---

① 欧洲历史地区，主要包括今天的爱沙尼亚和拉脱维亚。——译注

	弯曲的	不弯曲的
一只手	2	3
	+	×
另一只手	4	1

现在我们把弯曲手指数相加（2+4＝6），它表示十位；没有弯曲手指数相乘（3×1=3）表示个位；最后，十位与个位相加，我们就得到了结果63。再举一个例子6×8：

	弯曲的	不弯曲的
一只手	1	4
	+	×
另一只手	3	2

同理我们得到了结果48。

只要知道九九乘法表中的第一部分，就连最年轻的数学学习者都可以摆脱九九乘法表的绊脚石，熟练掌握乘法表剩下的一部分。在《纨绔少年》中，老师齐菲尔金在向米特罗凡努什卡传授数学奥妙的时候[1]，也试图教会不爱读书的米特罗凡手指速算法，从而减轻他记忆九九乘法表的负担。而齐菲尔金自己也是从马格尼茨基的《算术》中学会手指速算的。《算术》中写道："这种借助手指的方法可以帮助我们更好地掌握乘法表。如果你想计算7×7的话，把双手平放在一起，从左往右数7根手指，竖起比5多出来的两根手指，也就是右手最左边的两根；同理，从右往左数7根手指……竖起左手最右边的两根手指。所有竖起来的手指相加得4，它们表示十位，即40；将两只手没有竖起的手指数相乘得到9，将两个结果相加就是7×7的答案49。"

这套算法的数学理论基础是什么呢？从代数的角度思考，这个问题很好理解。任何一个大于5的数，我们都可以用（5+a）、（5+b）、（5

---

[1] 米特罗凡是俄国作家杰·伊·冯维辛（1745~1792）的喜剧《纨绔少年》中的主要人物，是个饱食终日、不学无术的纨绔子弟。齐菲尔金是他的家庭数学教师。——译注

+c）来表示。这里的a、b、c表示的是这个数减去5之后的余数。这里我们只考虑6到10之间的数，那么a、b、c就是比5小的数。两个数相乘表示成：（5+a）（5+b）。当我们用手指速算法的时候，一只手弯曲a根手指，另一只手弯曲b根手指。同理，a和b相加再乘以10（表示十位）即：10（a+b）；加上没有弯曲的手指数（5-a）（5-b），最终得到的数是10（a+b）+（5-a）（5-b）。去掉括号，将式子展开得到10a+10b+25-5a-5b+ab，化简后得25+5a+5b+ab。将代数方法与手指计算法结合，可以表示为下面的式子。

	弯曲的	不弯曲的
一只手	a	5-a
	+	×
另一只手	b	5-b
结果	10（a+b）+（5-a）（5-b）	

我们知道，这个展开式的结果和（5+a）（5+b）是相同的。

我们在本节开头说过，这种手指运算法最多可以使用到15×15。这是如何做到的？10以上的数字相乘和10以下的数字相乘方法略有不同。比如我们需要计算12×14，我们两只手弯曲的手指数不再是减去5的余数，而是减去10的余数，也就是说，我们一只手弯曲2根手指，另一根手指弯曲4根手指，2和4相加，乘以10，再加上2乘以4（这里相乘的不再是未弯曲的手指数），最后别忘了加上100，我们便得到结果：12×14=100+（2+4）10+2×4等于168。再以11×13为例：

	弯曲的
一只手	1
	+
另一只手	3
最后结果	100+40+3=143

这种算法的基础是什么呢？我们再次求助于代数。凡大于10且小于15的数相乘都可以表示成（10+a）×（10+b），a和b是比5小的数，也

就是需要弯曲的手指数，据此可得：$(10+a)(10+b)=100+10(a+b)+ab$。有趣的是，$10 \times 10$用两种方法运算都可以得到正确的结果，如下图所示：

	弯曲的	不弯曲的
一只手	5	0
+	×	
另一只手	5	0
结果	$(5+5) \times 10 + 0 + 0 = 100$	

第二种方法：

	弯曲的
一只手	0
	+
另一只手	0
最后结果	$100 + 10(0+0) + 0 \times 0 = 100$

从15×15到20×20的手指运算方法也是有的，但是这种方法太过复杂。凡是简便的计算工具，才是好的计算工具，我们的十指自然也不例外。

Chapter

3

第三章

古老的珠算

算术奇谈

$$91 + \frac{5823}{647} = 100$$

$$94 + \frac{1578}{263} = 100$$

$$96 + \frac{1428}{357} = 100$$

契诃夫的难题 //////////////////////////////////////

习题 ❸

大家可能都记得契诃夫的小说《家庭教师》[①]，其中有一道算术难题，搞得七年级学生[②]齐别罗夫困惑不已：

某商人买黑呢和青呢138俄尺[③]，价540卢布。青呢每俄尺5卢布，黑呢每俄尺3卢布，问商人买黑呢和青呢各多少俄尺？

契诃夫用他一贯的幽默风格写道，在还没有把这个问题抛给彼佳的父亲之前，七年级家庭教师和他12岁的学生彼佳在这个问题花费了不少时间。

彼佳把算题重念一遍，立刻，一句话也没说，就用138除540。

"您为什么用除法？等一等！不过，行……您就接着算吧。有余数吗？这道题不可能有余数。让我来除一下！"

齐别罗夫（家庭教师）除一下，得出答数了，有余数3，就赶紧把它擦掉。

"奇怪……"他暗想，把头发揪乱，涨红脸。"这道题该怎样解答呢？嗯！……这道题要用代数里的不定方程来算才成，压根儿就不是算术题。……"

老师翻看答案，瞧见答数是75和63。

"嗯！……奇怪。……莫非先把5和3加起来，再用8除540？是这样吗？不，不对。"

"您倒是算呀！"他对彼佳说。

"嗨，这有什么可想的？要知道，这道题一点儿也不费事！"乌多多

---

① 此处译文取自：［俄］安·巴·契诃夫（著），汝龙（译）：《契诃夫全集》（上海：上海译文出版社，2000），第二卷，P287~288。译文有少量调整。——译注
② 当时俄国的中学是十一年一贯制。——译注
③ 俄国长度单位，1俄尺=0.711米。——译注

夫对彼佳说。"你简直是笨蛋，小家伙！那您就给他算一下，叶戈尔·阿列克谢伊奇。"

叶戈尔·阿列克谢伊奇（家庭教师）把石笔拿在手里，开始解答。他说话结结巴巴，脸上红一阵白一阵。

"这道题，认真说来，是代数题，"他说。"用x和y倒可以把它算出来。不过，要这样算也行。喏，我来除一下……懂吗？现在就得用减法了……懂吗？要不然就这样办吧。……您明天再自己算这道题。……您好好想一下。"

彼佳调皮地微笑。乌多多夫也微笑。他俩都明白老师何以惊慌。七年级中学生越发狼狈，站起来，从这个墙角走到那个墙角。

"这道题就是不用代数也算得出来，"乌多多夫说，伸出手去拿算盘，叹口气。"喏，您瞧着。……"

他把算盘珠拨弄一阵，得出75和63，这恰好是应该得出的答案。

"瞧……这就是我们的办法，土办法。"

这个场景不禁让我们嘲笑起难为情的家庭教师，也让我们产生了以下疑问：

1. 家庭教师如何用代数方法解决这个问题？
2. 彼佳当时应该如何解决？
3. 彼佳父亲所谓的"土办法"究竟是什么？

解

相信大部分读者都能够毫不费力地回答前两个问题，第三个问题就没那么简单了。我们还是按照问题的顺序——解决吧：

1~2. 家庭教师已经准备好用设未知数的方法解决这个代数问题。他当时应该意识到如果借用方程式，这个问题就会很容易解决了，只不过不是用不定方程的形式，让我们设立两个方程式，如下：

$$x+y=38, \quad 5x+3y=540$$

x和y代表的分别是青呢和黑呢的俄尺数。这个问题从算术角度来说十分容易解决，相信任何一个需要解决这个算术问题的读者都不会被它难住。你可以假设，如果商人买的全是青呢，那么他需要为138俄尺的青呢支付690卢布，这比实际支付的540卢布多出了150卢布，正是由于青呢和黑呢在单价上2卢布的差异造成了这多出来的150卢布。我们把150除以2就得到了购买的黑呢的俄尺数，再把138减去75就得到了青呢的俄尺数。这也是彼佳应该运用的方法。

3. 最后我们不得不面临这样一个问题：乌多多夫是用什么土办法解决这个问题的？

原著小说对于这点描述的很少，契诃夫只是写道他把算盘珠拨弄一阵，得出75和63，这恰好是应该得出的答数。

那么他是怎么借助算盘[①]得到答案的？

谜底是这样的：这个让人伤透脑筋的题目，借助算盘解决的方法和在纸上解决的方法是类似的，只不过算盘上的算珠让解答简化了很多。显然咱们退休的十三品文官乌多多夫是个算盘巧手，因为他的算珠比七年级学生家庭教师使用的代数更快地找到答案。下面就让我们认识一下：彼佳的父亲是如何操作算盘的。

首先他需要把138和5相乘，为了简便处理，他在算盘上拨出138×10，只不过把138这个数向上面一个横梁移动了一下，然后再把1380除以2。除法是这样进行的：首先拨回每一横梁上的一半算珠，如果某一横梁上的算珠为奇数，那么需要拨回这个算珠并且在下一级的横梁上拨

---

① 这里作者提到的算盘是俄罗斯的十珠算盘，与我国的七珠算盘有所不同，但用中国算盘同样可以很快地解这道题，具体方法请读者思考一下。

出5个算珠。在我们刚讨论的算式里，把1380对半，十位上的算珠拨回一半，百位上拨回两个算珠并且在十位上拨出五个算珠，千位上拨回算珠并在百位上拨出5个算珠，最后百位上6个算珠，十位上9个算珠，所以最后的结果是690。

接着乌多多夫在算盘上将690减去540，相信大家都知道这一步如何操作。

得到150之后，只需要把150除以2即可：十位上拨回3个算珠，个位上拨出5个算珠，百位上拨回算珠，十位上拨出5个算珠，最后的结果就是75。

算盘实际操作起来非常简单，比我们这里写的要快捷多了。

4

Chapter

第四章

简单的历史回顾

算术奇谈

$$100 = \begin{cases} 24\frac{3}{6} + 75\frac{9}{18} \\[6pt] 95\frac{3}{7} + 4\frac{16}{28} \\[6pt] 98\frac{3}{6} + 1\frac{27}{54} \\[6pt] 94\frac{1}{2} + 5\frac{38}{76} \\[6pt] 1\frac{6}{7} + 3 + 95\frac{4}{28} \\[6pt] 57\frac{3}{6} + 42\frac{9}{18} \end{cases} = 100$$

每一个式子里，1~9这九个数字全部出现，而且每个仅出现一次。

"除法是件难事"

当点燃火柴时，我们不禁想起，祖先是如何克服困难，发现生火的方法的呢？但是很少有人会想想我们常用的算术四则运算是怎样产生的，其实四则运算也不是一蹴而就的，与我们相比，前人做起四则运算来可是既费力又缓慢。假如有个20世纪的中学生来到4个世纪——不，哪怕只是3个世纪以前，他那快速准确的计算能力就足以让祖先们大为震惊。关于这个学生的传说会传遍周边的学校和修道院，让当时最能干的算术大师也黯然失色，欧洲各个角落的人们会蜂拥而至，拜他为师。这是因为，乘除法对于我们的祖先来说十分复杂，除法尤甚。当时每种运算都还没有固定下来的算法，相反，乘除运算有数十种解决方法之多，一种比一种复杂，把这些方法都记下来真是力不从心。每个算术课老师都使用自己最喜欢的方法，每个"除法教师"（当时这些专家确实存在）都竭力发明出独特的解决方法。像什么"象棋法"或"八音盒法""折叠法""分部法"或"分离法""十字法""筛子法""从后往前法""菱形法""三角形法""杯形法"或"碗形法""钻石法"，不一而足[1]。这些除法方法都有着非常新奇的名字，在复杂性上更是互不相让，只有在长期的大量实践后才能掌握如此复杂的方法。当时人们甚至认为，快速且无差错地掌握多位数的乘除法也需要特殊的天赋和能力，一般人是不具备这种智慧的。有一句古老的拉丁谚语叫作"除法是件难事"，就这些乘除方法的复杂性来看，这话倒是蛮有道理的。其实，那些新奇、好玩的名字和这些算法很不相配，因为名字背后隐藏的都是复杂而令人厌倦的算法。在16世纪，最简捷的除法运算方法要数"小船法"或"大船法"了。当时著名的意大利数学家尼科洛·塔尔塔利亚[2]在自己的算术教学大全一书中描写道：

---

① 上述方法在塔尔塔利亚的《算术》一书中都能找到。我们的现代乘法在那本书里被称为"象棋法"。——原注

② 尼科洛·塔尔塔利亚（1499或1500~1557），意大利数学家、工程师，主要贡献是提出了三次方程的一般解法。——译注

第二种除法运算方法在威尼斯[1]被称为"小船法"或"大船法"，因为在除法运算过程中，多个运算数字构成了一个图形，有些看起来很像小船，而有些看起来很像船尾、船头、杆、帆和桨都很完备的大船。

这一段话读起来非常有意思——你似乎已经乘着算术大船，在数字的海洋里扬帆航行了。可是，尽管这位意大利数学家极力推荐这种算法，并认为这种算法是"最漂亮、最简捷、最可靠、使用范围最广的算法，并可运用到所有除法计算中"，我也不打算在这里介绍这种算法，因为恐怕最有耐心的读者也会因为它的枯燥无味而合上书不再读下去了。但是这种令人疲倦的算法确实是当时最好的算法，俄罗斯直到18世纪中叶都在使用：在马格尼茨基的《算术》一书中，这种方法便是作者列出的六种运算方法之一（其中没有任何一种与现代方法相似）。马格尼茨基在自己这部640页的书中强烈推荐这种方法，尽管他一直引用它，但却始终没提到这个算法原来的名字。

本节就引用塔尔塔利亚书中用到的一个算式作为结尾吧：

<pre>
                    4 | 6
         88   1 | 3   08
       0999   09   199
       1660   19   0860
      88876   0876   08877
    09999480000001994800000019999 4
    166666600000008666000000086666 6
被除数 —88888800000008888000000088888 8（88—余数）
除数* —9999900000000999000000009999 9
       99999000000000999000000000099
</pre>

---

[1] 14~16世纪，威尼斯以及意大利的其他一些国家进行了大规模的海上贸易，出于商业需要，这些国家比其他地方更早发明计算方法。最好的算术著作是在威尼斯问世的。许多来自意大利的商业计算术语一直保留至今。——原注　当时意大利处于分裂状态，其境内有许多城邦共和国和小王国。——译注

祖先的智慧传统

经过千辛万苦的运算，得到想要的结果后，祖先们又想起还有必要再费一大番功夫对这个结果加以验证。算术方法本身的复杂性不得不让我们对结果产生怀疑，好比走在长长的羊肠小径上要比笔直大道容易迷路，因此古人自然而然会对每个计算结果加以验证，这已经成了他们的习惯——这是个非常好的习惯，即使现代人也应该保持这种习惯。

深受喜爱的验算方法被称为"方法9"，这是个非常有益、巧妙且几乎人人知晓的方法。现代算术课本，特别是外国的算术课本上经常提到这种方法。虽然它在实践中很少用到，但这丝毫不能掩盖其优点。

用数字9进行验算的方法是建立在"余数法则"上的，即：被除数除以除数所得的余数，等于被除数的每位的数字相加之和再除以除数所得的余数。也就是说：某数除以9所得余数等于该数各位数字之和除以9所得余数。例如：$758÷9=84……2$，$（7+5+8）÷9=20÷9=2……2$。综上，我们就可以用除以9的方法来进行验算了。

先检验一下这个加法竖式的正确性：

$$
\begin{array}{rcl}
38932 & \cdots\cdots\cdots\cdots & 7 \\
1096 & \cdots\cdots\cdots\cdots & 7 \\
47100743 & \cdots\cdots\cdots\cdots & 1 \\
+\quad 589106 & \cdots\cdots\cdots\cdots & 2 \\
\hline
5339177 & \cdots\cdots\cdots\cdots & 8
\end{array}
$$

先心算一下每个加数的各位之和，再继续算各位之和的各位之和，直到结果是一位数为止。把结果写在原加数的旁边，把所有结果加起来，得8。假如原竖式正确无误，它的最终结果5339177的各位之和化简到最后也应该是8：$5+3+3+9+1+7+7=35$，$3+5=8$。可见计算无误。

同理可以对减法进行验算，只需把被减数看作和，把减数和差看作加数，从而把减法化为加法。例如：

$$
\begin{array}{r}
6913 \cdots\cdots\cdots\cdots 1 \\
- \quad 2587 \cdots\cdots\cdots\cdots 4 \\
\hline
4326 \cdots\cdots\cdots\cdots 6
\end{array}
$$

4＋6＝10（即1+0=1）。

乘法的验算也毫不困难，例如：

$$
\begin{array}{r}
8713 \cdots\cdots\cdots\cdots 1 \\
\times \quad 264 \qquad\qquad 3 \\
\hline
34852 \qquad\qquad 3 \\
52278 \\
17426 \\
\hline
2300232 \cdots\cdots\cdots\cdots 3
\end{array}
$$

　　要是发现计算有误，为了确定错误的位置，可以用"方法9"分别检验乘式的每一部分；如果这些地方都没问题，就继续检查各部分相加的位置。当然，这样的验算法只有在多位数乘法中才能省时省力，乘数不大时还不如重做一遍来得省事。

　　除法验算需要稍加解释。整除的情况可以参照乘法的情况进行检验，把被除数看作除数与商的乘积就好了。不能整除的情况则应把被除数看作除数与商的乘积再加上余数。例如：

$$16201387 \quad : \quad 4457 \quad = \quad 3635; \qquad 余数 \qquad 192$$

各位数字之和　　　1　　　　2　　　　8　　　　　3

$$2\times8+3=19; \quad 1+9=10; \quad 1+0=1.$$

马格尼茨基在《算术》中提供了一个方便的验算图示：

乘法验算

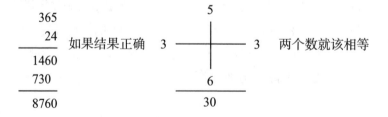

$$
\begin{array}{r}
365 \\
24 \\
\hline
1460 \\
730 \\
\hline
8760
\end{array}
$$

如果结果正确　3 ──── 3　两个数就该相等

除法验算

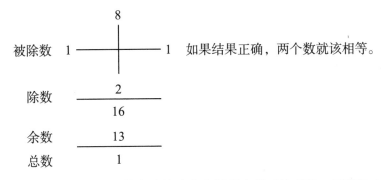

被除数　1 ————————— 1　如果结果正确，两个数就该相等。

　　　　　　　　　　　8

除数　　　　2
　　　　　　　16

余数　　　　13
总数　　　　1

　　毫无疑问，这种验算方法的速度和便利度都不够理想，可靠性也存在问题，可能会让错误成为漏网之鱼。这是因为不同数字的各位之和有可能是相等的，要是答案只是数字排列顺序改变了，或者变化了某些数字，但各位之和不变，用这种方法就检查不出来了。要是答案多了几个9或0，这种方法同样无能为力，因为9和0不会影响各位之和。我们的祖先意识到了这些缺点，因此还使用别的方法来辅助验算，最常用的是用7验算。"方法9"和"方法7"并用，验算结果就要可靠多了，一个错误即使能躲过其中一种方法，也会被另一种方法察觉。能够同时避开两种验算的错误只有一个：正确答案与错误答案的差能被7×9＝63整除。这种情况虽然很少，但偶尔还是会发生，所以双重验算依然不是完全可靠的。不过，一般计算的误差至多就是1或2，靠"方法9"验算也足够了，再用"方法7"辅助就未免过于累赘。毕竟，只有不妨碍正常工作的验算方法才是好方法。

俄式乘法

　　在俄罗斯某些地方，农民们有时会使用一种非常巧妙的乘法算法，这种方法并不像中小学里通常使用的方法，它似乎是从远古时期继承下来的。这种方法的有趣之处在于，计算时不需要掌握乘法表，因为任何两个整数的相乘都可以看成一个乘数对半、另一个乘数放大一倍后相乘的结果。

　　例如：$32 \times 13 = 16 \times 26 = 8 \times 52 = 4 \times 104 = 2 \times 208 = 1 \times 416$

令乘数对半，直到其分解成1，同时另一个乘数不断扩大到原来的两倍，最后当其中一个乘数成为1后，另一个乘数就是最终结果。这种算法的算术基础是非常明显的：两个整数的相乘与其中一个乘数对半、另一个乘数放大一倍后相乘的结果是一样的，只不过我们需要将这个放大与对半的操作多次重复：

$$32 \times 13 = 1 \times 416$$

习题 ❹

如果我们遇到两个奇数相乘的情况怎么办？这种问题难不倒人民的智慧。在两个奇数相乘的情况下，只需要先将某个乘数减去1之后对半下去就可以了，只不过最后别忘记加上另一个乘数的原始值。举个例子，两个奇数相乘，一数在左，一数在右，左边的数字减1对半，在没有奇数相乘的算式后面标上星号：

$$19 \times \quad 17$$
$$9 \times \quad 34$$
$$4 \times \quad 68 *$$
$$2 \times 136 *$$
$$1 \times 272$$

把右边没有标注星号的数字相加得到结果：17＋34＋272＝323。

这种算法的基础是什么呢？

解

只需稍加注意，就不难理解这种方法的理论基础，$19 \times 17 = （18+1） = 18 \times 17 + 17$，$9 \times 34 = （8+1） \times 34 = 8 \times 34 + 34$，等等。因为一个17和一个34在计算的时候为了方便被剔除了，所以最后需要加上这两个数字才能得到正确的结果。虽然这种方法被英国科学杂志《知识》为"俄罗斯农民的算法"，但它的实用性依然是不容否认的。

来自"金字塔王国"的算法

　　顾名思义，想必这种方法是从远古的埃及流传下来的。我们对于古埃及人如何数数和计算知之甚少，但是古埃及某个土地测量学校学生用于书写算术练习的莎草纸①却保留了下来，这就是约公元前2000年到公元前1700年间写成②的、举世闻名的"林德数学手卷"。"林德数学手卷"是一个名叫阿姆士的书吏③抄写的。他收集了学生算术练习本上的题目，将其认真抄写下来，作为未来土地测量员的练习题，书中还标明了其他算术练习本上的错误以及更正。

　　在这份约有40世纪历史的文件中，我们找到了四个乘法例子（按照艾森洛尔④的编号分别是第48、50、66和79号），这四个例子能让我们联想到古老的俄罗斯民间方法。下面我们列出这四个例题（数字前面的点表示一个单位数的乘数，加号标记那些在计算最后需要加上的乘数）：

---

① 古埃及人主要的书写介质，用生长在尼罗河三角洲的一种芦苇制成。——译注
② 这份纸草是英国的埃及学家亨利·林德在一个白铁盒子里发现的，展开后的纸草有10俄丈长（约20米），6俄寸宽（约26厘米）。目前存放于伦敦的大英博物馆。——原注
③ "书吏"是古埃及祭司集团中的第三阶层，他们负责管理"一切与神庙建设以及与神庙地产有关的事务"。书吏拥有数学、天文学和地理学方面的专业知识（参见 B.博贝宁）。——原注
④ 奥古斯特·艾森洛尔（1832~1902），德国的埃及学家。——译注

（8×8）	（9×9）

.	8	. 9 +
…	16	.. 18
….	32	…. 36
::::	64	:::: 72 +
		───────
		结果 …. 81

（8×365）	（7×2801）

.	365	. 2801 +
…	730	.. 5602 +
….	1460	…. 11204 +
::::	2920	:::: 19607
		───────
		结果 …. 19607

从上述例题中可以看到，早在几千年之前，埃及人用的与现在农民们用的乘法方法就已经非常相似了，这种乘法似乎借由一条隐形之路从古老的金字塔王国流传到现代的俄罗斯农村。举个例子，如果古埃及的居民要计算19×17的话，他们会用下列方式处理：将17连续翻倍：

1	17 +
2	34 +
4	68
8	136
16	272 +

然后再把上面带有加号的数加起来，也就是17+34+272，最后得到的当然是正确的结果：17+（2×17）+（16×17）=19×17。这确实和我们俄罗斯农民常用的方法非常接近。很难说现在是否还有某些俄罗斯农民在沿用这种古老的方法。英国的作家把这种方法称为"俄国农民的算法"，德国某些地方的普通居民也用这个算法，但他们依旧把这称之为"俄式算法"。如果读者能告诉我，拥有如此悠久历史的俄式算法是否还在某些地方继续沿用，想必是件极其有趣的事情。

我认为，应当对民间数学给予足够的重视，理解普通百姓用的计算和测量方法，收集和记录从远古流传至今的民间数学瑰宝。已故的数学史学家博贝宁[①]曾就收集民间数学文物建言献策，并出具了一份应当收集和记录的目录：①计算和计数；②计量和称重的方法；③建筑、服装和装饰物中的几何信息及其表现形式；④土地测量方法；⑤民间数学题；⑥与数学相关的谚语、谜语、传说及其他民间著作；⑦手稿、博物馆、收藏品以及正在发掘的古墓和遗址中的数学文物。

---

① 维·维·博贝宁（1849~1919），俄国教育家、数学史学家。——译注

Chapter

第五章

非十进制计数法

神秘的自传 ///

为了开始新的章节，首先请允许我把自己15年前为一本颇受欢迎的杂志①编写的"有奖竞猜题目"介绍给大家：

习题 ❺

神秘的自传

在一个数学怪人的书写纸上发现了他的自传，开头几句话是：

"我44岁那年大学毕业，一年之后我100岁，娶了一个34岁的姑娘。我们之间的年龄差距不大——只有11岁，因此我们之间有共同的爱好和理想。过了几年我们有了10个孩子。我每个月的薪水是200卢布，其中 $\frac{1}{10}$ 需要交给自己的姐姐，因此我们一家一个月靠130卢布过活……"

如何解释这段自传中数字之间的奇怪矛盾呢？

解

只需要你稍加注意本章的题目，你就会发现此题的解法了——非十进制计数法，这是唯一能够解释这段自传中互相矛盾的数字的方法了。一旦我们知道此题使用非十进制计数法解决，就不难猜出这个怪人数学家用的是哪一种计数系统了。秘密就隐藏在这一句话里："44岁后过了一年我就100岁了。"如果说数字44加1之后就变成了100，这就意味着数字4是这个计数系统中最大的数字（就像9是十进制中最大的数字），也就是说怪人数学家用的是五进制。这个数学怪人突发奇想，决定在自己的自传中用五进制表示所有的数字，在这种计数系统中，高位并不是相邻的低位的10倍，而是5倍。五进制中，每个数位上的数字都不能超过4；右数第一位是个位，右数第二位不是十位而是"五位"，右数第三位不是百位而是"二十五位"……以此类推。因此，自传中的"44"实际并不表示 $4 \times 10 + 4$，而是 $4 \times 5 + 4$ 即24岁。"100"也并不是意味着100，而是25，以此类推：

---

① 参见《自然与人》（后来这道题被重新收入叶·伊·伊格纳季耶夫的著作《智慧王国》中）。——原注

$$\text{“34”} = 3 \times 5 + 4 = 19$$
$$\text{“11”} = 5 + 1 = 6$$
$$\text{“200”} = 2 \times 25 = 50$$
$$\text{“10”} = 5$$
$$\text{“}\frac{1}{10}\text{”} = \frac{1}{5}$$
$$\text{“130”} = 25 + 3 \times 5 = 40$$

待我们还原了这些数字的真实含义后，自传中的数字就不再互相矛盾了：

我24岁那年大学毕业。一年后我25，娶了一个19岁的姑娘。我们之间的年龄差距不大——只有6岁，因此我们有着共同的兴趣和理想。过了几年后，我们有了5个孩子。我每个月的薪水是50卢布，其中的1/5需要交给自己的姐姐，因此我们一家一个月靠40卢布过活。

用非十进制表示数字是不是很困难？再简单不过了！假设需要用五进制来表示119，只需把119除以5，便可以得到119在五进制下的个位数：

$$119 \div 5 = 23 \cdots\cdots 4$$

也就是说，个位上的数字是4。接着，23不能放在个位数的左边，因为五进制下最大的数字便是4，因此我们把23除以5：

$$23 \div 5 = 4 \cdots\cdots 3$$

也就是说个位数的左边（"五位"）是数字3，再往左一位（"二十五位"）便是数字4。所以119＝4×25＋3×5＋4，表示成五进制就是434。下图更加直观地表示了我们刚刚的运算：

上图中的斜体数字从右到左书写便得到指定进制下的表示方法。让我们再来举些例子：

习题 ❻

用三进制表示十进制的47：

解

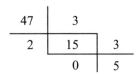

答案是502。我们来检验一下：$5 \times 9 + 0 \times 3 + 2 = 47$。

习题 ❼

用七进制表示十进制的200。

解

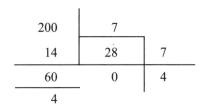

答案是404。检验：$200 = 49 \times 4 + 7 \times 0 + 4$。

习题 ❽

用十二进制表示十进制的163

解

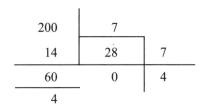

答案是117。检验：$1 \times 144 + 1 \times 12 + 7 = 163$。

相信现在我们的读者应该可以用任意进制表示十进制数了。唯一的困难便是在某些情况下，有些数字找不到对应的表示方法，比如十二进制下我们如何表示"十"和"十一"呢？但是这个问题不难解决，我们可以选用一些符号或者字母表示10和11，比如用字母A和B来表示10和11吧。这样数字1579在十二进制下就可以表示成（10）（11）7，也就是AB7。检验：$10 \times 144 + 11 \times 12 + 7 = 1579$。

最简单的计数系统 ///////////////////////////////////

不难理解，某个进制下最大的计数数字是该进制数减1。例如，十进制中最大的数字是9，六进制中最大的数字是5，三进制中最大的数字是2，十五进制中最大的数字是14，等等。

最简单的计数系统当然就是需要数字最少的系统。在10进制中需要10个数字（包括0），五进制需要5个数字（0、1、2、3、4），三进制需要3个数字（0、1、2），二进制中只需要2个数字（0和1）。那么存在一进制吗？当然存在：在一进制的情况下，高位是相邻的低位的一倍，也就是说，各个数位的意义完全相同——这是最原始的"计数系统"，我们的祖先就是用刀在树上刻画计数的。这种计数方法和其他方法之间存在巨大的差别，也就是不具备所谓的"位值"[1]。事实上，一进制中各个位数上的数值都是相等的。另一方面，即使在二进制中，从右往左数第三位的数字也已经是第一位的4倍了，第五位的数字是第一位的16倍。因此，一进制并没有给我们带来多少方便，因为我们需要用很长很长的计数符号表示某个比较大的数字。十进制的100表示成二进制是1100100，只有7个数字；表示成五进制是400，只有3个数字；表示成一进制就得用100个数字了。

因此，一进制恐怕不能称之为"计数系统"，至少不能与其他进制相提并论，因为一进制与它们完全不同，丝毫无助于节约表达手段。不考虑

---

[1] 计数系统中，一个数字所处位置不同，它所表示的真实数值也不同，这称为"位值原则"。——译注

进制，那么最简单的计数系统恐怕是二进制了。二进制下我们只需要两个数字：0和1。0和1可以帮助我们表示所有数字！虽然在实践中这种方法并不太方便，因为数会显得太长[①]，但是理论而言二进制还是最简单的。二进制具备一些独有的奇妙性质，利用这些特性可以表演许多扣人心弦的数学戏法。我们将在《诚实的戏法》一节中对此进行详细讨论。

不一般的算术 ///

习题 ❾

十进制运算对于我们来说已经习以为常，十分简单，但如果我们想把这些运算用到非十进制中的话，恐怕就要费点气力了。让我们试试以下这个五进制算式：

$$“4203”$$
$$+“2132”$$
（五进制）

解

我们从右数第一位开始，3＋2＝5，但是我们不能写5，因为在五进制下最大的数字是4，5这个数字是不存在的，也就是说需要进一位。我们在第一位上写下0，然后在第二位上标记一个1。接着0＋3＝3，因为从第一位进了一，所以还需要再加1，得4。第三位上2＋1＝3，第四位上4＋2＝6，进1保留1。最后结果得11340。

$$“4203”$$
$$+“2132”$$
$$“11340”$$
（五进制）

建议读者通过将此算式转化成十进制运算以检验其正确性。减法、乘法和除法也是这样运算的。为了练习我们再举一些例子，读者自己也可以

[①] 不过，正如我们之前所见，二进制计数法至少可以简化加法表和乘法表。——原注

再扩充练习。

五进制

习题 ❿

“2143”
× “334”

习题 ⓫

“213”
× “3”

习题 ⓬

“42”
× “31”

三进制

习题 ⓭

“212”
“120”
+ “201”

习题 ⓮

“122”
× “20”

习题 ⓯

“220”
÷ “2”

习题 ⓰

“201”
÷ “12”

（答案：❿ “1304”，⓫ “1144”，⓬ “2402”，⓭ “2010”，⓮ “10210”，⓯ “110”，⓰ “10”……“11”）

在进行这些非十进制运算时，我们首先将非十进制数转化成十进制数，再将十进制运算的结果转化为题目进制中的数。或者可以这样做：编制这些进制中的加法表和乘法表，需要的时候参考一下这些表格就可以了。例如，五进制中的加法表如下：

0	1	2	3	4
1	2	3	4	10
2	3	4	10	11
3	4	10	11	12
4	10	11	12	13

借助这个表格，4203+2132计算起来是不是简便很多？做减法也变得简单了。

习题 ⑰

请编制五进制中的乘法表。

解

1	2	3	4
2	4	11	13
3	11	14	22
4	13	22	31

这个乘法表可以把你从还不习惯的五进制乘除法中解脱出来！例如下面的乘法：

$$\begin{array}{r} "213" \\ \times\ "3" \\ \hline "1144" \end{array}$$

（五进制）

计算过程如下：从表中可以得出 3 × 3 ＝"14"，进1留4；1 × 3 ＝ 3，加1得4；2 × 3 ＝ 11，进1留1，最后得到结果"1144"。进制系统的计数单位越少，这个进制的加法表和乘法表就会越简单。例如，三进制的加法表和乘法表如下：

0	1	2
1	2	10
2	10	11

（加法）

1	2
2	11

（乘法）

这些表格都非常容易记忆并运用到四则运算中。当然最简单的加法表和除法表便是二进制的：

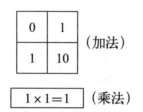

如此简洁的表格会让二进制的四则运算变得简单无比！二进制乘法实际上不足讨论，因为任何一个数乘以1都是自身，任何一个数乘以"10""100""1000"只需要在这个数后面加上相应个数的0就好了。如果是加法运算，那么只需要记住1＋1＝10就可以了——怪不得我们称二进制为最简单的计数系统了！虽然二进制下表示一个数需要长长的数列，但是这种进制的运算极其简单，足以抵消前者带给我们的麻烦。例如：

$$
\begin{array}{r}
1001011101 \\
\times \quad 100101 \\
\hline
1001011101 \\
+ \quad 1001011101 \\
1001011101 \\
\hline
1010111101110001
\end{array}
$$

（二进制）

这种运算只需要把乘数按顺序抄写下来就行了，这比十进制乘法简单多了（$605 \times 37 = 22385$）。如果我们用的是二进制算法，而不是十进制算法，我们学习笔算时就用不着费那么多脑子了（但不可避免的是会用掉很多纸张和墨水）。但是在口算上，二进制就远不如十进制简便了。

奇数还是偶数？

习题 ❶❽

如果不让你看到某个数字，你就很难猜出它是奇数还是偶数。但你可别以为见了数字就一定能说出它是奇是偶，情况并不总是如此。举个例子，你说16是奇数还是偶数呢？

假如已知这是个十进制数，毫无疑问，你可以断定它是个偶数。可是，假如它是用其他进制表示的，你还能自信满满地说它一定是偶数吗？

解

实际上并不能这样断言。例如，七进制的"16"表示十进制的7＋6＝13，显然是个奇数。同样的情形会出现在所有的奇数进制中，因为奇数加上6还是奇数。

————————————

由此可以得出结论：我们熟悉的判断某数能被2整除的标志（最末一位数是偶数）只有在十进制系统中才是绝对有效的，其他进制就不好说了。事实上，这个标志只有在六进制、八进制之类的偶数进制中才能生效。那么，奇数进制中能被2整除的标志是什么呢？略一思忖就能想出答案：这个标志应该是原数的各位之和为偶数。例如，数字136在任何进制中都是偶数，包括奇数进制，因为奇数[1]＋奇数＋偶数＝偶数。

还有一个需要谨慎对待的题目：25一定能被5整除吗？当然不一定，在七进制或八进制中答案就是否定的（七进制的"25"等于十进制的19，八进制的"25"等于十进制的21）。大家都知道，如果一个数的各位之和能被9整除，这个数就能被9整除，但这同样只有在十进制中才是正确的。另一方面，这条规则在五进制中可以用来确定某数能否被4整除，在七进制中用来确定能否被6整除。由此可知，五进制数"323"能被4整除，因为3＋2＋3＝8；七进制数"51"能被6整除（容易验证：这两个数用十进制表示分别是88和36）。为什么会这样呢？读者可以自己思考一下。其实，只要充分理解被9整除的标志的推导原理，并且顺着这个思路继续往下探究，你就能想出七进制中被6整除的标志应该是什么了。

下面再给出几条规则，但它们的正确性单靠算术方法就比较难验证了：

$$121 \div 11 = 11$$

————————————

① 奇数自乘的结果总是奇数，例如7×7＝49，11×11＝121，等等。——原注

$$144 \div 12 = 12$$
$$21 \times 21 = 441$$

任何进制中都能成立（只要那个进制中有等式里的所有数字）。

熟悉代数基础知识的人很容易就能找出上述等式的理由[1]，其他读者就只能通过各个进制的具体情况进行检验了。

不带分母的分数 ///

我们通常认为，只有十进分数才能写成不带分母的形式[2]，像 $\frac{2}{7}$ 和 $\frac{1}{3}$ 之类的分数乍看下是没法化为这种形式的。不过，要是我们回想一下其他进制中不带分母的分数，情况就会变得大不相同了。举个例子，五进制小数 "0.4" 表示的是多少呢？当然是 $\frac{4}{5}$。七进制小数 "1.2" 表示 $1\frac{2}{7}$。七进制 "0.33" 呢？这个结果要复杂一点：$\frac{3}{7} + \frac{3}{49} = \frac{24}{49}$。

习题 ⑲

我们来研究一下几个不带分母的非十进制分数：

①三进制的 "2.121"

②二进制的 "1.011"

③五进制的 "3.431"

④七进制的 "2.5555……"（无限循环）

它们分别相当于哪个小数呢？

解

$$①2 + \frac{1}{3} + \frac{2}{9} + \frac{1}{27} = 2\frac{16}{27}$$

---

① 试提供一种代数解法：设某进制为X进制，则 "121" $=1 \times X2 + 2 \times X1 + 1 \times X0 = X2 + 2X + 1 = (X+1)2$，"11" $=1 \times X1 + 1 \times X0 = X+1$，所以 "121" $\div$ "11" $=(X+1)2 \div (X+1) = X+1 =$ "11"。同理，"144" $=X2 + 4X + 4 = (X+2)2$，"12" $=X+2$；"21" $=2X+1$，"441" $=4X2 + 4X + 1 = (2X+1)2$，容易验证。这种分解因式的代数原理称为 "二项式定理"。——译注

② 十进分数指分母为10n（n为正整数）的分数，所谓 "不带分母的形式" 下文中指的都是小数。——译注

②$1+\dfrac{1}{4}+\dfrac{1}{8}=1\dfrac{3}{8}$

③$3+\dfrac{4}{5}+\dfrac{3}{25}+\dfrac{1}{125}=3\dfrac{116}{125}$

④$2+\dfrac{5}{7}+\dfrac{5}{49}+\dfrac{5}{343}=2\dfrac{5}{6}$

　　读者可以尝试着利用十进制中无限循环小数化为普通分数的思路对最后一个等式进行检验，你会很容易发现它是正确无误的。

———————

　　最后我们来看两道独具特色的题目：

习题 ⑳

$$
\begin{array}{r}
756 \\
307 \\
2456 \\
+\quad 24 \\
\hline
3767
\end{array}
$$

这个竖式是在几进制中计算的？

习题 ㉑

$$
\begin{array}{r}
543 \\
4532\,\overline{\smash{)}\,4415400} \\
40300 \\
\hline
34100 \\
31412 \\
\hline
22440 \\
22440 \\
\hline
0
\end{array}
$$

这个竖式是在哪个进制中计算的？

　　（答案：20题——八进制，21题——六进制）

请将十进制的130分别表示成九进制以内（含九进制）的所有进制。

（答案见本书第六章）

请写出九进制以内（含九进制）所有可能的进制中数字"123"对应的十进制数。"123"是否可能出现在二进制中？是否可能出现在三进制中？试在不转化为十进制的条件下回答以下问题："123"在五进制中能否被2整除？在七进制中能否被6整除？在九进制中能否被4整除？

（答案见本书第七章）

Chapter

第六章

神奇数字的画廊

习题22的答案

十进制的130在各个进制中的对应数字如下：

二进制 ·························· 10000010

三进制 ·························· 11211

四进制 ·························· 2002

五进制 ·························· 1010

六进制 ·························· 334

七进制 ·························· 244

八进制 ·························· 202

九进制 ·························· 154

算术珍奇馆

与生物王国一样，数字王国里也有不少神奇罕见、独具特色的数字。这些非同寻常的数字可以组成一个神奇数字博物馆，一个真正的"算术珍奇馆"。这座珍奇馆的陈列台里不仅有一些数字"巨无霸"（我们在后面某章中还要谈到），还有一些相对并不很大的数字，它们是凭着某些非凡的特质才从众多数字中脱颖而出的。其中有的数字光看上去就足够引人注目了，有的数字则只有通过深入了解才会发现它的神奇。

读者朋友，让我们一起漫步于这一神奇数字的画廊，结识一下其中的某些成员吧。

我们不必在最初几个陈列台旁留步，因为里面的数字已经是我们的老相识了。我们知道为什么数字2会被陈列在画廊里：并不是因为2是第一个偶数，而是因为它是最方便的计数系统的基础（参见本书第五章）。

看到数字5也没什么好惊讶的：5是我们最喜爱的数字之一，它在凑

"整数"的过程中发挥着重要作用，其中也包括凑成让我们破费的"整数价格"（参见本书第一章）。找到数字9也算不上出人意料：这当然不是因为9是"永恒的象征"①，而是因为它帮助我们减轻了各类运算的验算负担（参见本书第四章）。可是我们又透过某个陈列台的玻璃看到了——

数字12 ///

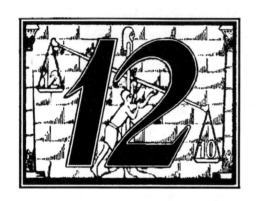

这个数字有什么了不起的？不错，12是一年中的月份数和一打的数量，可是"一打"从本质上看又有什么特别的呢？其实很少有人知道，数字12曾是数字10的古老竞争者，甚至还差点取10而代之，赢得计数系统的基础数字的殊荣呢。古代东方最大的民族是巴比伦人以及他们的前人、也就是两河流域最初的居民②，他们用来计数的正是十二进制系统。要不是后来从印度传入的十进制系统获得了更大的影响，我们恐怕就要从巴比伦那里继承下这套十二进制计数法了。时至今日，尽管十进制系统已经取得了胜利，但在某些情况下我们依然对十二进制系统予以应有的重视。例如，人们都喜欢使用"打"和"格罗斯"③这样的单位，并把一昼夜分成2打（24）小时，一小时分成5打（60）分钟，一分钟分成5打秒，一个圆周分成30打（360）弧度，一英尺分成12英寸④——这难道还不足以说明古老的十二进制系统的巨大影响吗？

---

① 古人（毕达哥拉斯的后继者）认为数字9是永恒的象征，因为凡是能被9整除的数字，其各位之和也能被9整除。——原注

② 古代东方指古代亚洲和非洲东北部的文明古国，一般包括古代埃及、古代两河流域、古代波斯、古代印度、古代中国等。两河流域指幼发拉底河和底格里斯河流域，主要位于现在的伊拉克，包括苏美尔、阿卡德、亚述、巴比伦等几个重要的古代文明。——译注

③ 用于计算服装上小零件以及文具等细小物品的单位，1格罗斯=12打=144个。——译注

④ 英尺、英寸都是英美等国的长度单位，1英尺=30.48厘米，1英寸=2.54厘米。——译注

10最终在与12的竞争中胜出，这是不是一件好事呢？诚然，数字10始终有一个极为有力的支持者，那就是我们的活计算器、一双手上的十个指头。但假如没有这个因素，人们将更倾向于使用12而不是10。用十二进制计算比用十进制要方便得多了，原因是10只能被2和5整除，12却能被2、3、4、6整除。换句话说，10只有两个因数①，12却有四个之多。为了更清楚地了解十二进制的优势，你可以想想这样的情况：在十二进制中以0结尾的数字能够整除2、3、4、6，于是它的$\frac{1}{2}$、$\frac{1}{3}$、$\frac{1}{4}$、$\frac{1}{6}$就都是整数了，做起除法来该会多么方便啊！要是某十二进制数以两个0结尾，那么它就能整除144以及144的所有因数②，也就是下面这一长串数字：

2、3、4、6、8、9、12、16、18、24、36、48、72、144

总共14个因数，足以叫十进制相形见绌，因为以两个0结尾的十进制数只有8个因数（2、4、5、10、20、25、50、100）。此外，十进制中只有像$\frac{1}{2}$、$\frac{1}{4}$、$\frac{1}{5}$、$\frac{1}{20}$之类的分数才能化为有限小数，而十二进制里的类似情况就多了去了，首先是以下几个：

$\frac{1}{2}$、$\frac{1}{3}$、$\frac{1}{4}$、$\frac{1}{6}$、$\frac{1}{8}$、$\frac{1}{12}$、$\frac{1}{16}$、$\frac{1}{18}$、$\frac{1}{24}$、$\frac{1}{36}$、$\frac{1}{48}$、$\frac{1}{72}$、$\frac{1}{144}$

分别可以表示为：

0.6、0.4、0.3、0.2、0.16、0.14、0.1、0.09、0.08、0.06、0.04、0.03、0.02、0.01

然而，要是你以为一个数能被哪些数字整除取决于它用哪个进制表示，那就大错特错了。假设袋子里有一些核桃，它们正好能分成数量相等的5堆，那么有一点是毫无疑问的：不管用哪个进制表示这些核桃的数量，用算盘拨也好，用文字写也罢，或者用个什么别的方法，它们能被5整除的性质都是不会改变的。如果有个十二进制数能被6或72整除，那么它在其他进制下（比方说十进制）照样能被6或72整除，区别仅仅在于：十二进制下比较容易看出某个数是否能被6或72整除（以0或00结尾的数就

---

① 原文作"除数"，其实并不准确，应该指能够整除该数的数字，即因数。——译注
② 原文作"乘数"，这里同样应该指因数。——译注

能）。可见，我们说十二进制数具有更多因数的优势，指的其实是这么一回事：人们对"整数"有一种特别的偏好，因此在十二进制下进行计算时会更频繁地遇到以0结尾的数字。

十二进制的优势如此明显，难怪有些数学家屡次呼吁完全改用十二进制，可是我们对十进制已经习以为常了，对这套改革方案恐怕难以接受。

现在你已经看到，"一打"这个单位有着悠久的历史，而数字12能出现在神奇数字画廊中也并不是没有理由的。而它的邻居13就不是这样了：

13之所以能在这里登场，并不是因为它有多么出众，反倒是因为没有丝毫出奇的地方，却有着"凶数"的恶名。所以说，一个本身平凡无奇的数字，在迷信的人眼中竟然成了如此"可怕"的东西[1]，这不正是一件稀罕事吗？

我们来到珍奇馆的下一个陈列柜前，映入眼帘的展品是——

数字365

这个数字的亮点首先在于它确定了一年的天数。此外，365除以7余1，这个看似无关紧要的性质却对日历有着重要的意义。正是由于这个性质，每个平年的第一天和最后一天都是一周中的同一天；举个例子，要是某年的新年是星期一，那么这一年的最后一天也是星期一，而次年的新年就该是星期二了。我们还可以根据这个道理对日历进行改造，使得某个确定的日期总是一周中某个确定的日子，比方说让5月1日固定为星期天。为此只需把一年的第一天排除到日期计算之外，也就是把它叫作"新年日"而不是"1月1日"，然后把"新年日"的下一天定为1月1日。如此一来，

---

[1] 这种迷信直到今天都还相当流行，从以下事例中可见一斑：当年彼得堡建设电车线路时，一开始就没敢开通13号线，结果直接跳过13而开通了14号线，原因是担心市民不敢乘坐带着这个"凶数"的电车。有意思的是，彼得堡有很多房屋是没有13号房间的，没有13号房间的旅馆也不少。为了同这种荒谬绝伦的数字迷信做斗争，英国还成立了特殊的"13俱乐部"。——原注

一年的日期就只剩下了364天，正好包含了整数个星期，因此接下来的年份都会以同样的日子开始，且每年的日期都和第一年的对应日期是同样的日子。对于有366天的闰年，我们就需要把前两天排除到日期计算之外，也就是设两个"新年日"。

365还有几个与日历无关的有趣性质：

$365 = 10 \times 10 + 11 \times 11 + 12 \times 12$

换句话说，365等于10、11、12这连续三个数的平方和：

$10^2 + 11^2 + 12^2 = 100 + 121 + 144 = 365$

不仅如此，365还等于接下来的两个数——13和14的平方和：

$13^2 + 14^2 = 169 + 196 = 365$

这样的数字即使在神奇数字画廊中也是相当罕见的。

数字999

下一个陈列台里是最大的三位数999。毫无疑问，999要比它的"倒影"666有趣多了；尽管666是《启示录》中臭名昭著的"兽的数字"[1]，

---

[1] 《启示录》是《圣经·新约》的最后一章，主要是对未来的世界末日、末日审判和基督再临的预言，其中有这样一段话："以后我看见另一只兽由地中上来，它有两只相似羔羊的角，说话却相似龙。……在这里应有智慧：凡有明悟的，就让他计算一下那兽的数字，因为是人的数字，它的数字是六百六十六。"这里的"兽"指的是魔鬼，因此在基督教文化中，"兽的数字"666被认为是大凶之数。——译注

为此还给不少迷信的人造成了莫明其妙的恐慌，但它其实并没有什么超乎寻常的算数性质。999的有趣特性则表现在：设有一个非999的三位数N，那么$N \times 999$是一个六位数，它的前三位数等于（$N-1$），后三位数等于$[999-(N-1)]$即（$1000-N$）。例如：

$$573 \times 999 = 572\underset{\overline{999}}{\overset{572}{427}}$$

下列算式说明了产生这种性质的原因：

$$573 \times 999 = 573 \times (1000-1) = \begin{cases} 573000 \\ \underline{-\quad 573} \\ 572427 \end{cases}$$

了解这个特点之后，我们就能很快地算出任意三位数乘以999的结果了：

$947 \times 999 = 946053$

$509 \times 999 = 508491$

$981 \times 999 = 980019$

……

此外，由于$999 = 9 \times 111 = 3 \times 3 \times 3 \times 37$，我们又能据此迅速写出一系列能被37整除的六位数，而不熟悉999性质的人自然做不到这一点。总之，利用999的上述特点，我们可以给不知情的观众办几场规模不大，但是丝毫不比魔术逊色的"快速乘除法"表演。

山鲁佐德之数[①]

下一个数是著名的"山鲁佐德之数"1001。你大概不会怀疑，这个出现在阿拉伯民间传说中的数字同样有着奇妙的特性；要是故事中的苏丹[②]对神奇数字感兴趣的话，那么1001也能像东方的其他奇迹一样，给这位国王留下深刻的印象。

那么，数字1001究竟有什么出彩的地方呢？表面上看，它简直再寻常不过了，甚至都无法跻身所谓"素数"之列。假如用埃拉托斯特尼筛法[③]进行检验，1001能轻易地成为漏网之鱼，因为它可以被三个连续的质数——7、11和13整除，而且恰好等于这三个数的乘积。不过，这一点其实没什么大不了的。1001还有一个更加突出的性质：设有一个三位数N，则$N \times 1001 = NN$（把N连着写两次）。例如：

$873 \times 1001 = 873873$

$207 \times 1001 = 207207$

……

---

① 山鲁佐德（或译舍赫拉查德、莎赫扎德）是阿拉伯民间传说集《一千零一夜》的女主人公，相传她连续讲了一千零一夜的精彩故事，最终感化了残杀无辜少女的国王，自己也被立为王后。——译注

② 历史上某些伊斯兰国家的君主称号。——译注

③ 埃拉托斯特尼（前276–前194）是古希腊数学家、地理学家，他发明了一个检验素数的简单算法：列出给定范围内所有不小于2的整数，然后按顺序进行筛选。先用2去筛，即把2留下，把2的倍数剔除掉；再用下一个素数3筛，把3留下，把3的倍数剔除掉；接下去用下一个素数5筛，以此类推，直到做筛子的素数的平方不小于给定范围的上限为止，留下的所有数字就是所求的素数。这种算法被称为"埃拉托斯特尼筛法"。——译注

诚然，这样的结果还是可以想见的，毕竟873×1001＝873×1000＋873＝873000＋873嘛。尽管如此，我们还是可以利用"山鲁佐德之数"的上述性质算出一些出人意料的结果，至少能叫那些毫无准备的人大吃一惊。

习题 ❷❹

你可以表演下面的算术戏法，能让一群对算术的奥秘一无所知的观众啧啧称奇。请一名观众在纸上随便写一个三位数，但不要让你知道，然后把这个数字连着写两次，得到一个由两个相同的三位数组成的六位数。接下来请他或者他的邻座把这个数字除以7，得数还是不要让你知道，不过你可以预言结果一定能被整除。把得数交给下一个邻座，让他除以11，你可以再做一次整除预言。然后把第二次的得数交给再下一个邻座，让他除以13，你做一次整除预言。最后的得数你看都不用看一眼，就把它直接交给最初的观众，说：

"这就是你心想的数字！"

果真如此，你猜中啦。

这个戏法的奥秘是什么呢？

解

在不知情的观众看来，这个华丽的算术戏法简直就像魔法一般，但解释起来其实简单至极：把一个三位数连着写两次就相当于把它乘以1001，即乘以（7×11×13）；因此，观众把心想的数字连着写两次，得到的六位数必定能整除7、11和13，再把得数连续除以这三个数字（即除以1001），自然就会重新得到他心想的数字了。

数字10101 //

读过上述有关1001的内容之后，你看见数字10101在陈列台里时想必也不会惊讶了。同1001一样，10101在做乘法时可以得出一些惊人的结

果，只不过不是与三位数相乘，而是与两位数相乘：设有一个两位数N，则$N \times 10101 = NNN$（把N连着写三次），例如：

$$73 \times 10101 = 737373$$

$$21 \times 10101 = 212121$$

……

下列算式说明了产生这种性质的原因：

$$73 \times 10101 = 73 \times (10000+100+1) = \begin{cases} 730000 \\ 7300 \\ + \quad 73 \\ \hline 737373 \end{cases}$$

习题 ㉕

能否仿照1001的"猜数字"，利用数字10101设计一个非同寻常的"猜数字"戏法呢？

解

当然可以。利用这个数字甚至能设计出更加引人注目、五花八门的戏法来，只需注意到10101可以分解为4个素数的乘积：

$$10101 = 3 \times 7 \times 13 \times 37$$

你可以请第一位观众想一个两位数，请第二位观众在原数后面再添上该数，第三位如法炮制，然后请第四位把这个六位数除以7，第五位把上一步的商除以3，第六位除以37，第七位除以13——以上四次除法都恰好能整除。请第七位观众把最终得数交给第一位观众，那就是他心想的数字。

在多次表演这个戏法时，你可以每一次都设置不同的除数，好让它变出更多的花样；比如说用三除数组合替代 $3 \times 7 \times 13 \times 37$ 这个四除数组合：$21 \times 13 \times 37$，$7 \times 39 \times 37$，$3 \times 91 \times 37$，$7 \times 13 \times 111$。

尽管10101的知名度比不上传说中的山鲁佐德之数，但它的神奇性质恐怕却要更胜后者一筹。事实上，早在两百多年之前，马格尼茨基的《算术》中就有一章专门举例说明一些"奇异的"乘法，其中就谈到了10101这个数字。以此观之，我们是大有理由把它收入我们的神奇数字馆藏之中的。

数字10001 //

习题 ❷⑥

你同样可以利用这个数字设计一些与之前类似的算术戏法，尽管可能没法产生那么强烈的印象了，因为10001只能分解成两个素数的乘积：

$$10001 = 73 \times 137$$

要怎么利用这点来表演算术戏法呢？读者朋友，既然你已经读过上文的内容，我希望你能独立解答这个问题。

数字111111

旁边陈列台里的神奇数字是:

也就是由6个1组成的数字。我们已经了解过1001的神奇性质,借此可以立刻得知:

$$111111 = 111 \times 1001$$

$111 = 3 \times 37$,1001等于$7 \times 11 \times 13$;由此可知,这个由6个1组成的神奇数字可以分解为5个素数的乘积。把这5个素数按照所有可能的方式分为两组,我们就可以得到15组不同的乘数组合,使得其乘积都等于111111:

$$3 \times (7 \times 11 \times 13 \times 37) = 3 \times 37037 = 111111$$

$$7 \times (3 \times 11 \times 13 \times 37) = 7 \times 15873 = 111111$$

$$11 \times (3 \times 7 \times 13 \times 37) = 11 \times 10101 = 111111$$

$$13 \times (3 \times 4 \times 11 \times 37) = 13 \times 8547 = 111111$$

$$37 \times (3 \times 7 \times 11 \times 13) = 37 \times 3003 = 111111$$

$$(3 \times 7) \times (11 \times 13 \times 37) = 21 \times 5291 = 111111$$

$$(3 \times 11) \times (7 \times 13 \times 37) = 33 \times 3367 = 111111$$

······

这样一来,你就可以请15个人来做乘法了,尽管每个人计算的乘数都不同,但最后都能得出同一个奇特的数字:111111。

111111也可以用来设计"猜数字"的戏法，其原理同1001以及10101的"猜数字"是差不多的。不过在这种情况下应该要求对方想一个一位数，也就是只选一个数字，然后把它重复6次。这里的除数可以从以下五个素数中选一个：3、7、11、13、37，也可以选择它们的乘积：21、33、39等。这就为多种多样的戏法提供了充分的可能性。具体该怎么表演呢？请读者自行思考吧。

数字金字塔 //

我们在下面几个陈列台里惊讶地看见了非同寻常的数字奇观，那是几座由数字组成的金字塔。我们首先走近点看看第一座"金字塔"吧。

习题 ㉘

$$1 \times 9+2=11$$
$$12 \times 9+3=111$$
$$123 \times 9+4=1111$$
$$1234 \times 9+5=11111$$
$$12345 \times 9+6=111111$$
$$123456 \times 9+7=1111111$$
$$1234567 \times 9+8=11111111$$
$$12345678 \times 9+9=111111111$$

上述乘式的计算结果非常特殊，试问该如何解释这种奇怪的规律呢？

解

举个例子，从金字塔的中间几行随便选一个算式：$123456 \times 9+7$。乘以9相当于乘以（$10-1$），也就是在被乘数后面添上一个0，然后从中减去被乘数：

$$123456 \times 9 + 7 = 1234560 + 7 - 123456 = \left\{ \begin{array}{r} 1234567 \\ - \quad 123456 \\ \hline 1111111 \end{array} \right.$$

只需看看最后那个减法算式，你就会明白为什么计算结果都是由1组成的了。

我们也可以换个思路来理解这个问题。要让12345……这样的数字变成11111……这样的数字，就得从它的左数第二个数位减去1，第三个数位减去2，第四位减去3，第五位减去4，以此类推。换句话说，只需从12345……中减去一个同类的数字，只不过要去掉减数最右边的数位；这相当于把12345……缩小到十分之一并去掉最末一位数，再用12345……去减。如今一切都搞清楚了：要得到所求的结果，就必须把该数乘以10，加上比原来的最末一位多1的数字，最后减去原数（某数乘以10再减去该数相当于该数乘以9）。

习题 ㉙

用类似的方式可以解释下面这个算术金字塔的构成：

$$
\begin{array}{l}
1 \times 8 + 1 = 9 \\
12 \times 8 + 2 = 98 \\
123 \times 8 + 3 = 987 \\
1234 \times 8 + 4 = 9876 \\
12345 \times 8 + 5 = 98765 \\
123456 \times 8 + 6 = 987654 \\
1234567 \times 8 + 7 = 9876543 \\
12345678 \times 8 + 8 = 98765432 \\
123456789 \times 8 + 9 = 987654321
\end{array}
$$

它是由一系列特定数字分别乘以8再加上从1到9逐次递增的数字构成的，其中的最后一行尤为有趣，因为它乘以8再加上9后恰好变成一个完整的自然数列，只不过是由大到小倒序排列的。试解释其原因。

解

这些古怪的计算结果可以通过下面的算式得到阐明：

$12345 \times 8 + 5 = (12345 \times 9 + 6) - (12345 \times 1 + 1) = 111111 - 12346$

不难理解，111111减去逐次递增的12346，结果自然会得到逐次递减的98765。

习题 ❸⓪

这是第三个也是最后一个数字金字塔：

$$9 \times 9 + 7 = 88$$

$$98 \times 9 + 6 = 888$$

$$987 \times 9 + 5 = 8888$$

$$9876 \times 9 + 4 = 88888$$

$$98765 \times 9 + 3 = 888888$$

$$987654 \times 9 + 2 = 8888888$$

$$9876543 \times 9 + 1 = 88888888$$

$$98765432 \times 9 + 0 = 888888888$$

请解释吧。

解

第三个金字塔是前两个的直接产物，并且三者间的联系也很容易确定。试举一例，由第一个金字塔可知：

$12345 \times 9 + 6 = 111111$

把相加的两部分都乘以8，得：

$(12345 \times 8 \times 9) + (6 \times 8) = 888888$

由第二个金字塔可知：

$12345 \times 8 + 5 = 98765$，即 $12345 \times 8 = 98760$

据此可得：

$888888=（12345×8×9）+（6×8）=（98760×9）+48$

$\quad\quad\quad=（98760×9）+（5×9）+3=（98760+5）×9+3$

$\quad\quad\quad=98765×9+3$

如今你该相信了吧，这些别出心裁的算术金字塔并不像乍看之下那么神秘。可笑的是，我曾碰巧看到过一份德国报纸上印着这些金字塔，旁边还附有一段补充说明："目前尚未有人能对这种惊人规律的原因做出解释……"

9个相同的数字

习题 ㉛

请看上文中第一个"金字塔"的最后一行：

$12345678×9+9=111111111$

与这个例子相类似的还有一整组非常有趣而又稀奇古怪的数字，在我们的博物馆里可以用下图表示：

$$12345679×\ \ 9=111111111$$
$$12345679×18=222222222$$
$$12345679×27=333333333$$
$$12345679×36=444444444$$
$$12345679×45=555555555$$
$$12345679×54=666666666$$
$$12345679×63=777777777$$
$$12345679×72=888888888$$
$$12345679×81=999999999$$

为什么会算出这么有规律的结果呢？

解

我们可以注意到：

$12345678 \times 9 + 9 = （12345678 + 1） \times 9 = 12345679 \times 9$

所以

$12345679 \times 9 = 111111111$

据此可以直接推出：

$12345679 \times 9 \times 2 = 222222222$

$12345679 \times 9 \times 3 = 333333333$

$12345679 \times 9 \times 4 = 444444444$

……

数字阶梯

习题 ㉜

11111111自乘会得到什么结果呢？可以料想，答案将会是非同寻常的，但具体来说究竟是什么样的呢？

解

要是你懂得怎么在头脑中清晰地描绘几列数字的话，你不必笔算也能发现一个非常有趣的答案。实际上，这个计算的窍门仅仅在于对各部分运算进行适当的排列，因为每次都只需计算1×1，如此一来就很简单了，恐怕只有冯维辛笔下那个只晓得"一一得一"的米特罗凡努什卡①才会被难住。我们可以把各部分运算的加和简单化归为计算1的个数。以下就是这个独一无二的乘法算式的结果（说是乘法，但计算时其实根本就用不着做乘法）：

---

① 参见本书第二章注4。"一一得一"出自该剧第三幕第七场："（齐菲尔金）比方说在路上拾到三百卢布……你算算咱们每人分多少？（米特罗凡）一三得三。一零得零。一零得零。"——译注

$$
\begin{array}{r}
111111111 \\
111111111 \\
\hline
111111111 \\
111111111 \\
111111111 \\
111111111 \\
111111111 \\
111111111 \\
111111111 \\
111111111 \\
111111111 \\
\hline
12345678987654321
\end{array}
$$

从1到9的全部九个数字非常整齐地排列着，从中间往两边逐次递减，形成对称。

*　　　*　　　*　　　*　　　*

至此，有些读者可能已经厌倦了观赏神奇数字，他们可以选择离开这座数字画廊，前往接下来的几个地方，那里表演着各种各样的算术戏法，展览着数字"巨无霸"和"小不点儿"——我的意思是说，他们可以停止阅读本章，直接进入后面的章节。至于那些希望多了解一些有趣的数字奇观的读者，我想邀请他们一起看看下面的一小排陈列台。

魔力圆环 //

习题 ㉝

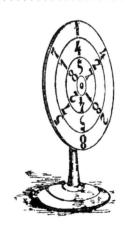

下一个陈列台里摆着几个奇怪的圆环，这是什么玩意儿呢？

我们看见三个依次嵌套的圆环，每个环上写着六个顺序相同的数字：142857。这些圆环具有以下的奇特性质：不管它们怎么旋转，我们都可以沿着箭头指示方向从任一数字数起，将其中两个环上的数加起来，再把得数的顺序稍微调整一下，照旧能得到原来的六位数（前提是相加的结果还是六位数）。如图所示，我们将靠外的两个圆环上的数字相加可得：

$$\begin{array}{r} 142857 \\ + \ 428571 \\ \hline 571428 \end{array}$$

依然是原先的数列142857，只不过数字5和7从末尾跑到了开头。

再来看看圆环的其他排列，我们会碰到如下情况：

$$\begin{array}{r} 285714 \\ + \ 571428 \\ \hline 857142 \end{array} \qquad \begin{array}{r} 714285 \\ + \ 142857 \\ \hline 857142 \end{array}$$

只有一种情况下会出现例外，计算结果为999999：

$$\begin{array}{r} 285714 \\ + \ 714285 \\ \hline 999999 \end{array}$$

不仅如此，我们随便从环上选两个数相减，依然能得到相同的数列。例如：

$$\begin{array}{r} 428571 \\ - \ 142857 \\ \hline 285714 \end{array} \qquad \begin{array}{r} 571428 \\ - \ 285714 \\ \hline 285714 \end{array} \qquad \begin{array}{r} 714285 \\ - \ 142857 \\ \hline 571428 \end{array}$$

唯一的例外是两个数恰好相同的情况下，此时相减结果自然为0。

好戏还在后头。把142857分别乘以2、3、4、5、6，都能得到原来的六位数，只需按着圆盘上的顺序移动一个或几个数字就行了：

$142857 \times 2 = 285714$

$142857 \times 3 = 428571$

$142857 \times 4 = 571428$

$142857 \times 5 = 714285$

$142857 \times 6 = 857142$

究竟是什么产生了这些神奇的性质呢?

解

我们可以把最后几列计算再推进一步，就能踏上解决谜题的道路了。试着算一下142857×7，结果是999999，可见142857正是999999的七分之一，即 $=\frac{1}{7}$。$\frac{1}{7}$ 化为小数的结果如下：

$$1 \div 7 = \frac{1}{7} = 0.142857\cdots\cdots$$

$$\frac{10}{\quad}$$
$$\frac{30}{\quad}$$
$$\frac{20}{\quad}$$
$$\frac{60}{\quad}$$
$$\frac{40}{\quad}$$
$$\frac{50}{\quad}$$
$$1$$

把 $\frac{1}{7}$ 化为小数就能发现，我们的神奇数字是个无限循环小数。如今真相大白：为什么这个数乘以2、3、4等的结果都是同一个数，只不过重新排了排某些数字的位置——因为它乘以2相当于 $\frac{2}{7}$，也就是要把 $\frac{2}{7}$ 而不是 $\frac{1}{7}$ 化为小数；试着把 $\frac{2}{7}$ 化为小数，就能看出数字2是转化过程中所得的余数之一。显而易见，所得的商依然应该是原来的那一列数字，只不过是以另一个数字打头，也就是同样的一个循环周期，只不过要把开头的某几个数移到末尾。乘以3、4、5、6的情况也是如此，因为它们都是 $\frac{1}{7}$ 化为小数时所得余数。而乘以7时就会得到完整的1了，也就是0.9999……（无限循环）142857是分数 $\frac{1}{7}$ 的循环周期，这一事实同样可以解释对圆环数字做加减法得到的有趣结果。转动圆环实际上是怎么一回事呢？无非是把前头的若干数字移到末尾罢了。根据前面提到的内容，这就相当于把142857乘以2、3、4等。因此，对圆环数字做加减法都可以归化为对分数 $\frac{1}{7}$、$\frac{2}{7}$、$\frac{3}{7}$ 等做加减法，结果当然是 $\frac{1}{7}$ 的若干倍，也就是142857按照循环顺序的重新排列。只需排除掉相加之和大于或等于1的情况就行了。

不过，最后这些情况也不是完全排除的。诚然，它们的计算结果与前面研究过的结果有所不同，但依然存在相似性。我们再仔细研究一下，142857乘以7以上的数字（比如说8、9等）结果如何。举个例子，在计算142857×8时，我们可以先用142857乘以7，再对乘积999999加上142857：

$$142857 \times 8 = 142857 \times 7 + 142857 = 999999 + 142857$$
$$= 1000000 - 1 + 142857 = 1000000 + (142857 - 1)$$

最终得数1142856与被乘数142857的区别仅仅在于：前面多了个1，最后一位少了1。根据类似规则可以计算142857乘以大于7的任意整数的结果，请看以下算式，不难找出规律：

$$142857 \times 8 = (142857 \times 7) + (142857 \times 1) = 1142856$$
$$142857 \times 9 = (142857 \times 7) + (142857 \times 2) = 1285713$$
$$142857 \times 10 = (142857 \times 7) + (142857 \times 3) = 1428570$$
$$142857 \times 16 = (142857 \times 7 \times 2) + (142857 \times 2) = 2285712$$
$$142857 \times 39 = (142857 \times 7 \times 5) + (142857 \times 4) = 5571423$$

总的规则是这样的：要计算$142857 \times N$（N为正整数），只需令142857乘以（$N \div 7$）的余数，并在乘积的前面加上（$N \div 7$）的商，再从中减去（$N \div 7$）的商[1]。我们来算算142857×86，由于$86 \div 7 = 12 \cdots\cdots 4$，因此计算结果是：

$$12571428 - 12 = 12571416$$

再看142857×365，$365 \div 7 = 52 \cdots\cdots 1$，据此可得：

$$52142857 - 52 = 52142805$$

只要掌握这条简单的规则并记住142857乘以2~6的计算结果（简单至极，只需记住结果以哪个数字打头就够了），你就能对六位数乘法进行闪电式的速算，叫那些不知内情的人大吃一惊。为了牢牢记住这个神奇的数字，你应该记住它是由$\frac{1}{7}$来的，换句话说就是$\frac{2}{14}$，于是就得到了前三位数：142。后三位数可以通过999减去前三位数得出：

---

[1] 如果N能被7整除，结果就应该是999999乘以（$N \div 7$）的商，这很容易心算。例如：$142857 \times 28 = 999999 \times 4 = 4000000 - 4 = 3999996$。——原注（根据译者引入的N做了相应改动）

> 76　　　别莱利曼趣味科学作品全集　趣味数学世界

$$
\begin{array}{r}
999 \\
-\ 142 \\
\hline
857
\end{array}
$$

在学习999的性质时，我们已经同类似的数字打过交道了。回忆一下那部分内容，我们就能立刻明白，142857显然是143乘以999的结果：

$$142857 = 143 \times 999$$

而$143 = 13 \times 11$。之前我们提到过$1001 = 7 \times 11 \times 13$，利用这一点就能不经计算而预测出$142857 \times 7$的结果：

$$142857 \times 7 = 143 \times 999 \times 7 = 999 \times 11 \times 13 \times 7 = 999 \times 1001 = 999999$$

整个过程当然都能靠心算解决。

非凡的数字家族

习题 ❸❹

我们刚刚研究过的142857是具有同类性质的数字家族中的一员。再看看另一个类似的数字：0588235294117647（最前面的0是必不可少的）。

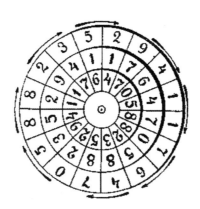

例如，把这个数乘以4，我们依然能得到原来的数列，只不过把开头的4个数字移到了末尾：

$$0588235294117647 \times 4 = 2352941176470588$$

同前面一样，我们把这串数字放到几个圆环上，然后将其中两个环上的数字相加，结果还是原来的数字，只不过按着圆盘上的顺序重新排了位置：

$$
\begin{array}{r}
0588235294117647 \\
+\ 2352941176470588 \\
\hline
2941176470588235
\end{array}
$$

从圆盘上的位置看，这三个数显然是相同的。

将其中两个环上的数字相减也能得到原来的数字：

$$
\begin{array}{r}
2352941176470588 \\
-\ 0588235294117647 \\
\hline
1764705882352941
\end{array}
$$

最后还有一点：与之前一样，这个数字由两部分组成，后半部分是从99999999中减去前半部分得到的。

试着揭开这些特性背后的谜底吧。

解

不难猜出0588235294117647同142857之间的"近亲关系"：之前的数字是$\frac{1}{17}$转化成的无限循环小数的循环周期，现在的数字很可能也是某个小数的循环周期。没错，这一长串数字正是$\frac{1}{17}$转化成的无限循环小数的循环周期：

$$
\frac{1}{17}=0.0588235294117647
$$

因此，这个数乘以1~16中的任何一个数字都能重新得到原数，区别仅在于把开头的一个或几个数字移到了末尾。反过来说，只要把开头的一个或几个数字移到末尾，我们就能把这个数字扩大到若干倍（1~16倍）。把两个环上的数字相加就相当于把原数的两个倍数相加（比方说3倍加10倍），结果当然还是原来的数字：3＋10＝13，而乘以13只需按着圆环上的顺序对这列数字进行一个小小的调整。

不过，某些情况下的相加结果也会同原数有所出入。举个例子，如果我们转了转圆环，使得两个加数恰好是原数的6倍和15倍，结果就该是原数的6＋15＝21倍。容易想见，这个乘积同16倍以下的乘积已经不大一样了。事实上，原数是$\frac{1}{17}$转化成的无限循环小数的循环周期，所以它乘以17该得到16个9（循环周期有几位，就会有几个9），或者说1后面跟着17个0再减去1。因此，乘以21（即4＋17）的结果应该是原数的4倍，在前头添上个1，从最后一位减去1。把$\frac{4}{17}$化为小数就能得知原数4倍的打头数字：

$$4 \div 17 = 0.23\cdots\cdots$$
$$\underline{40}$$
$$\underline{60}$$
$$9$$

接下来的数字顺序我们已经清楚了：5294……换言之，原数的21倍应该是：

$$2352941176470588$$

当两个环上的数字形成相应的排列时，就会得到上面的相加结果。对两个环上的数字作减法时自然不会出现类似情况。

与上面提到的两个例子类似的数字还有很多。这些数字组成了一个家族，它们都是由分数转化成的无限循环小数的循环周期，共同的起源将它们联系在了一起。然而，并不是每个小数的循环周期都具备上面研究过的有趣性质，也就是说做乘法时并不一定会得到按圆周顺序重排的原数。用不着精确的理论分析，我们也能看出符合要求的小数应该满足的条件：其循环周期的数位恰好比分数形式下的分母少1。例如：

$\frac{1}{7}$化为小数后的循环周期有6位；

$\frac{1}{17}$化为小数后的循环周期有16位；

$\frac{1}{19}$化为小数后的循环周期有18位；

$\frac{1}{23}$化为小数后的循环周期有22位；

$\frac{1}{29}$化为小数后的循环周期有28位。

你可以检验一下，会发现 $\frac{1}{9}$、$\frac{1}{23}$ 和 $\frac{1}{29}$ 转化成的小数的循环周期与 $\frac{1}{7}$ 和 $\frac{1}{17}$ 的循环周期具有相同的特点。以 $\frac{1}{29}$ 为例，可得以下数字：

$$0344827586206896551724137931$$

如果某个小数不满足上述的循环周期数位条件，它的循环周期就不属于我们的神奇数字家族。例如，$\frac{1}{13}$ 转化成的小数的循环周期只有6位（而不是12位）：

$$\frac{1}{13} = 0.\overline{076923}$$

把它乘以2，我们会得到一个截然不同的数字：

$$\frac{2}{13} = 0.\overline{153846}$$

这是为什么呢？原来，$1 \div 13$ 所得余数中并没有数字2。循环周期有几位数字，不同的余数就有几个，也就是说有6个不同的余数，而 $\frac{1}{13}$ 的乘数却有12个之多；这样一来，就不是所有乘数都能在余数中找到对应的数字了，只有6个才能找到。易知这6个乘数分别为1、3、4、9、10、12。把076923乘以这6个乘数中的任意一个，都能得到按圆周顺序重排的原数（$076923 \times 3 = 230769$），要是乘以其他的乘数就得不到这个结果了。这就是为什么 $\frac{1}{13}$ 的循环周期只能部分满足"魔力圆环"的特性。以上论述也适用于其他许多小数的循环周期。

看过前面的内容后，相信你不得不同意这样的说法了：无限循环小数那长长的周期就像长长的下加利福尼亚半岛，上面布满了各种趣味无穷的算术奇观。

Chapter

7

第七章

诚实的戏法

习题23的答案

四进制的"123"对应十进制的27，五进制对应38，六进制对应51，七进制对应66，八进制对应83，九进制对应102。它不可能出现在二进制或三进制中，因为其中含有数字3，而这两个进制里都没有3这个数字。它在五进制中能被2整除，因为其各位之和能被2整除；在七进制中能被6整除；在九进制中不能被4整除。

印度国王的妙法 ///

　　算术戏法是一种光明正大、诚实无欺的"戏法"，它从不试图欺骗观众或转移他们的注意力。表演算术戏法既不需要神奇的灵巧双手，也不需要惊人的迅疾手法，更不需要花上多年训练来培养演艺才能，其诀窍仅仅在于充分熟悉并利用数字的各种神奇特性。在深得其法的人看来，所谓算术戏法其实非常简单明了，但在不懂算术的人眼里，连最平凡无奇的运算（比如乘法）看起来都如同戏法一般。

　　如今，每名中学生都能完成一些简单的大数运算，然而曾几何时，这些普普通通的计算是只有少数人才能掌握的绝技，在旁人看来简直就像一种超自然的力量。古人对待算术的这种态度可以从古印度故事《那罗和达摩衍蒂》[①]窥见一斑。那罗是一名技术高超的驯马师，有一天他领着主人哩都波尔纳王路过一棵枝繁叶茂的毗毗陀迦树。故事里这样写道：

　　　　　　他忽然看见远处的毗毗陀迦树，

　　　　　　　　果实繁密，郁郁苍苍，

　　　　　　"听好了，"国王对那罗说，

　　　　　　　"世上全知的人根本乌有，

　　　　　　　论驯马术你是举世无双，

　　　　　　我则有计算上的天赐妙法……"

　　为了证明自己的妙法，国王一下就算出了树叶的总数。惊奇的那罗请求哩都波尔纳解释其中的奥秘，后者也就同意了：

　　　　　　　国王把知识向那罗传授，

　　　　　　　那罗顿时变得心明眼亮，

---

① 俄文版由茹科夫斯基译出，下文的情节出自该书第八章。——原注。
　　这个故事出自古印度著名史诗《摩诃婆罗多》中的"森林书"一章，由于俄文版对原文改写太多，译者进行了重新翻译，并根据《摩诃婆罗多插话选》（北京：人民文学出版社，1987，P625~630）的译文进行适当调整，所有专有名词的译法都出自该汉译本。——译注

大树的所有枝条、果实和叶子

他已经能够立马一一数完……

不妨这样推测：直接去数叶子无疑既费时又烦人，于是国王采用了另一种方法——假设每根大枝上长着同样数目的小枝，每根小枝上长着同样数目的叶子，那么只要先数出一根小枝上的叶子数，然后乘以每根大枝上的小枝数，再乘以整棵树上的大枝数，就能得到叶子的总数。这就是所谓"妙法"的奥秘。

大多数算术戏法的奥秘都跟这位国王的"绝技"一样简单。秘密一旦揭晓，驯马师也能学会快速计数的妙法；而你只要了解算术戏法的奥秘，同样能迅速掌握其中的技巧。事实上，任何算术戏法都是以数字的某种有趣的特性为基础的，因此它们不仅十分令人着迷，而且极具教育意义。

别拆开信封 //

习题 ㉟

魔术师拿出300张1卢布钞票，然后请你将这些钱分别装入9个信封里，要求如下：用这些信封能支付300卢布以内的任何金额，但不能拆开其中的任何一个。

这道题乍一看似乎根本没法解。你大概已经在怀疑了：魔术师也许在题里玩了个狡猾的文字游戏，或者对题意另有一番出人意料的解释。然而，魔术师一看你束手无策的样子，就亲自把钱分装到9个信封里并封上口，然后请你随便说一个300卢布以内的金额。

你随口说出浮现在脑海里的第一个数字，比如说269。

魔术师毫不迟疑地递给你4个封好的信封。你拆开信封，分别找到了如下金额的钞票：

第一个信封 ——　　64卢布

第二个信封 ——　　45卢布

第三个信封 ——　128卢布

第四个信封 ——　　32卢布

合计　　　　　269卢布

你怀疑魔术师飞速偷换了信封，于是要求再做一次尝试。魔术师镇定自若地把钱放回信封，封上口后将其交由你保管。你说了一个新数字，比如说100，或者7，或者293；每一次魔术师都能立刻指出，应该用哪几个信封才能组成指定的金额（100卢布需要4个信封，7卢布需要3个信封，293卢布需要6个信封）。

这究竟是怎么回事呢？

解

戏法的诀窍是这样的：把所有钞票分成9份——1卢布，2卢布，4卢布，8卢布，16卢布，32卢布，64卢布，128卢布，剩下的卢布作为最后一份，也就是：

$$300-（1+2+4+8+16+32+64+128）=300-255=45卢布$$

不难证明，用前8个信封可以组成从1到255的任何数目。如果指定金额超过了255卢布，那么最后一个信封就派上用场了，这45卢布正好补足了255和300之间的差额，剩余部分就靠前8个信封来解决了。

你可以验证一下这个分组方案的合理性，就会发现它的确能组成300

以内的任何数值。不过还有一件有意思的事情：为什么1、2、4、8、16、32、64之类的数字具有如此神奇的性质呢？其实这很好理解，因为上述数字都是以2为底、以自然数为指数的幂——2^1、2^2、2^3、2^4，诸如此类[①]，所以它们可以视为二进制计数法的各个数位。一切数字都可以表示成二进制，也就是一切数字都能用以2为底的幂（1、2、4、8、16等）的组合表示出来。在这道题里，用信封组成指定的数字，实质上就是把该数用二进制表示出来。举个例子，要组成100这个数字，只需把它表示成二进制，问题就迎刃而解了：[②]

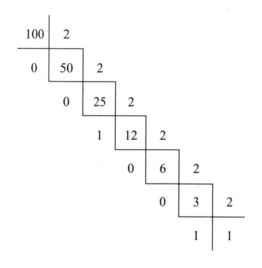

$$100 = \quad 1 \quad 1 \quad 0 \quad 0 \quad 1 \quad 0 \quad 0$$
$$64 \quad 32 \quad (16) \quad (8) \quad 4 \quad (2) \quad (1)$$
$$100 = 64 + 32 \qquad + \qquad 4$$

在此需要提醒读者：在二进制计数法中，从右数起的第一位是个位，第二位是二位，第三位是四位，第四位是八位，以此类推。

---

① 在以后的代数中将会学到，1可以视为2的0次幂。——原注
② 下图的意思是：100除以2等于50，余数为0；50除以2等于25，余数为0；25除以2等于12，余数为1；以此类推。矩形中的数字是被除数和得数，矩形右方的数字是除数，矩形下方的数字是余数。——译注

猜火柴数 //

习题 ㊱

下一个算术戏法同样利用了二进制计数法的特点。你请某人拿出一个没装满的火柴盒，把它放在桌子上，旁边一字排开8张正方形纸片；然后你向他交代接下来要做的事情，自己则暂时离场。对方首先取出盒里的一半火柴，把它们放在最近的一张纸上；如果火柴数是奇数，就把多出来的一根放在这张纸的左边。然后，把纸上的一半火柴放回火柴盒（不要动多出来的那根），另一半放下一张纸上；如果是奇数，就把多出来的一根放在第二张纸的左边。接下来以此类推，每次都把一半火柴放回火柴盒，另一半放到下一张纸上；要是碰到奇数，可别忘记把多余的一根放在边上。最终，除了那些放在旁边的单根火柴，其他火柴都回到了盒子里。

一切就绪以后，你重新走进房间，朝那些空白纸片瞥了一眼，就说出了盒里的火柴数。

就凭这几张白纸和胡乱散放的单根火柴，怎么能猜出盒里原有的火柴数呢？

解

在这道题里，"空白的"纸片能够很好地说明问题。靠这几张纸和单根的火柴就可以直接看出未知的火柴数，因为数字就清清楚楚地以二进制形式写在桌上。试举一例：假设盒里原本有66根火柴，经过一番操作之后，桌上的纸片就会变成这样：

把纸上的火柴拿走后就是：

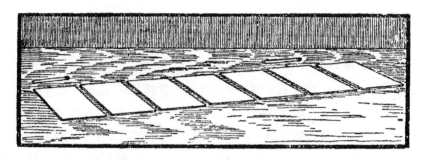

不难理解，上述操作实质上就是将盒里的火柴数表示成二进制；令空白纸等于0，令边上有火柴的纸等于1，则最后的图示就是这个二进制数的直观表现。从右往左读数的结果是：

$$
\begin{array}{ccccccc}
1 & 0 & 0 & 0 & 0 & 1 & 0 \\
64 & (32) & (16) & (8) & (4) & 2 & (1)
\end{array}
$$

用十进制表示就是：64＋2＝66

假设有57根火柴，图示如下：

完成操作后

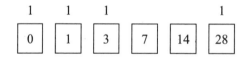

拿走火柴后

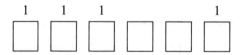

可见，这个未知数写成二进制就是：

$$
\begin{array}{cccccc}
1 & 1 & 1 & 0 & 0 & 1 \\
32 & 16 & 8 & (4) & (2) & 1
\end{array}
$$

用十进制表示就是：32＋16＋8＋1＝57

火柴读心术

习题 ③

与前两个戏法类似的还有一种别出心裁的火柴读心术。出题者将心里所想的数字除以2，然后将得数再除以2，以此类推（碰到奇数时就先减去1）；每进行一次运算，就在面前放一根火柴：如果被除数是偶数，就把火柴横放，如果是奇数，就把火柴竖放。最后会得到一个类似下图的形状：

只要看看这个图形，你就能正确无误地说出对方心想的数字：137。

你是怎么知道这个数字的呢？

解

在上文的例子中，我们只需把每根火柴对应的被除数标在火柴边上，这个戏法的诀窍就一目了然了：

由此可知，最后一根火柴在任何情况下表示的都是1；据此很容易继续向前推算，直至得出最初的数字。以下图为例：

可以算出原数是664。如果我们从图形的最右端开始，顺次进行乘以2的运算，并在必要时加上1，最后可以得到：

	=	1
—	=	2
	=	5
—	=	10
—	=	20
	=	41
	=	83
—	=	166
—	=	332
—	=	664

这样一来，你就可以利用这些火柴追踪他人的思维过程，并还原其推理的全部环节。

换个思路也能得到相同的结论：横放的火柴相当于二进制计数法中的0（能被2整除），竖放的则相当于1；于是，第一个例子中从右往左读数的结果是：

1	0	0	0	1	0	0	1
128	（64）	（32）	（16）	8	（4）	（2）	1

用十进制表示就是：

$$128+8+1=137$$

在第二个例子中，把未知数写成二进制就是：

1	0	1	0	0	1	1	0	0	0
512	（256）	128	（64）	（32）	16	8	（4）	（2）	1

用十进制表示就是：

$$512+128+16+8=664$$

习题 ❸⑧

下图表示的是哪个数字？

解

图中的二进制数是10010101，表示成十进制就是：

$$128+16+4+1=149$$

请注意：最后一次除法运算所得的余数1同样必须用竖放的火柴表示出来[1]。

理想的砝码 //

习题 ㊴

有些读者可能要问了：我们凭什么要用二进制来解决上面的几个问题呢？要知道，任何进制的计数法都能把一切数字表示出来，十进制当然也不例外。那么，为什么非得用二进制不可呢？

解

答案是这样的：在二进制计数法中，除了0以外就只有1个数字（1），因此任何一个二进制数都能用以2为底的幂的组合表示出来，而且每个幂分别只出现一次。举个例子，假设在信封戏法中使用了五进制计数法，那么在不拆开信封的情况下，每个信封至少要使用4次才能组成任意的数目，因为在五进制计数法中，除了0之外还有4个数字。

不过也存在一些例外：有时最方便的进制并不是二进制计数法，而是与之略有不同的三进制。这类情况中有一个著名的古老谜题——"组合砝

---

[1] 即$1 \div 2 = 0 \cdots\cdots 1$。——译注

码问题"，它也可以用作编制算术戏法的一个题材。

习题 ㊵a

要求：设计一个含4个砝码的组合，用它们能够称出从1到40千克的所有整数重量。

用二进制计数法可以得到如下组合：

$1kg$，$2kg$，$4kg$，$8kg$，$16kg$

如此可以称出从1到31千克的所有整数重量，但这显然不符合题目要求：砝码数超标了，而且也没达到重量上限（40千克）。此外，你并没有充分利用砝码提供的所有重量组合，因为几个砝码不仅可以放在同一个秤盘里，还可以分别放在两边；换句话说，不仅可以利用砝码重量之和，还可以利用重量之差。你看，这样一来就产生了许许多多的组合，要是不懂得该用哪种计数法，就难免被搞得不知所措。万一没找着正确的方法，你还可能会产生怀疑：就靠这少得可怜的4个砝码，恐怕根本解不出这道题吧？

解

答题者只需挑选以下四个砝码就能轻松摆脱困境：

$1kg$，$3kg$，$9kg$，$27kg$

把这些砝码根据需要放在同一个或两个秤盘上，就能称出不超过40千克的任意整数重量。在此无需举例说明，读者们想必都会确信这个方案是完全合理的。我们最好还是来研究一下它为什么能满足题目要求。读者大概已经看出来了，这些数字都是以3为底、以自然数为指数的幂[1]：

$$3^0，3^1，3^2，3^3$$

也就是说，在这道题里我们利用了三进制计数法，砝码就相当于三进制的数位。不过，当所求重量等于两个砝码重量之差的时候，三进制系统又是如何发挥作用的呢？此外，三进制计数法中除了0之外还有两个数字（1和2），要怎样避免在同一数位上动用两个砝码的情况呢？

这里涉及"负数"的概念。我们不妨把问题简化一下：用（3－1）来

---

[1] 1可以视为3的0次幂；更概括地说，1是任何非零数字的0次幂。——原注

代替数字2，也就是说，万一在某一位碰上了2，就在相邻的高位加上1，并在这一位减去1①。例如，十进制的2在三进制中并不写成2，而是1；数字1上方的负号表示它并不是加上去的，而是被减掉的。同理，十进制的5并不写成12，而是1（9－3－1＝5）。

如今真相大白：既然所有的数都能靠0（表示某一位上没有数字）和±1这两个数字表示成三进制，那么通过1、3、9、27之间的相互加减就能组成从1到40的所有数值。这就好比是在用砝码代替数字来表示这些数值：相加就相当于把几个砝码放在同一个秤盘上，相减则相当于把一部分砝码放在有货物的秤盘上，因此，这部分砝码的重量就从其余砝码的重量中减掉了；没有砝码则相当于0。

习题 ㊵b

众所周知，三进制计数法实际上并没有投入使用。世界上凡是实行米制的地方，都采用1、2、2、5而不是1、3、9、27的组合，尽管后者最多能称到40千克，而前者只能称到10千克。就算是实行米制之前，人们也不使用三进制的组合。可是既然这个组合看起来如此完美，那为何不将其用于实践呢？

解

原来，这套所谓的理想砝码只不过是纸上谈兵罢了，用它称量其实麻烦得很。假如只需称出指定的重量，比方说称400克黄油或2500克糖，那么100、300、900、2700的砝码组合还能勉强用用（尽管每次称量都得浪费大量时间来挑选需要的组合）。但是如果要称出某个未知货物的重量，这套砝码就极为不便了。在很多情况下，为了在放好的砝码中再加上1克的重量，就必须把原来的组合整个推翻重来。如此一来，称量工作会变得特别缓慢和辛苦，何况远非每个人都能迅速想出需要的组合，比如说，要称出19千克，应该在一个秤盘上放27千克和1千克的砝码，在另一边放9千克的砝码；要称出20千克，应该在一个秤盘上放27千克和3千克的砝码，在另一边放9千克和1千克的砝码——总之，每次称量都得解答几个类似的

---

① 原文如此。准确地说应该是"从这一位的0中减去1"（－1），参见下文。——译注

难题。而1、2、2、5这个组合不会产生上述的麻烦。

预测未知数 //

习题 ❹

杰出的俄罗斯速算大师阿拉贡表演过许多节目，其中最令人叹为观止的是"闪电速算"。他只要向一列大数扫上一眼，就能立刻算出它们的和。

不过，要是有人能在得知全部被加数之前就写出它们的和，这又是怎么回事呢？

这当然也是一种算术戏法：表演者请你随便写一个大数，他瞥了这数字一眼，然后把预测的和写在纸上并交由你保管。接下来，他请你再随便写一个被加数，自己则迅速写下第三个数。你把这三个数加到一起，得数恰好是预先写在纸上的数字，而那张纸还好好地藏在你那儿呢。

举个例子：你写83267，表演者写下预测的得数183266，你再写27935，最后他写72064：

$$
\begin{array}{rlr}
I & \cdots\cdots\cdots\cdots & 你：\quad 83267 \\
III & \cdots\cdots\cdots\cdots & 你：\quad 27935 \\
IV & \cdots\cdots\cdots & 表演者：\quad 72064 \\
\hline
II & \cdots\cdots\cdots & 总和：\quad 183266
\end{array}
$$

尽管表演者不可能知道第二个被加数是多少，但得数与他的预测丝毫不差；他也可以自己写2或3个数字，然后猜出5或7个被加数的和。没有理由怀疑纸条被偷换过，因为它一直都留在你的衣兜里。显然，表演者利用了某种你不了解的数字特性。这是怎样的特性呢？

解

表演者利用了这样一点：设有一个五位数N，则$N+99999=N+$（100000−1），也就是在这个数的左边添上1，在最低位减去1。例如：

$$83267$$
$$+ \quad 99999$$
$$\overline{183266}$$

所谓预测结果其实就是你写的第一个数与99999之和。表演者先写下这个预测的数，然后看看你写的第二个被加数，自己再写第三个被加数，使得后两个数字之和等于99999（只需把第二个数的每一位都减去9），于是预测就与最终结果一致了。我们再举两个例子，不难从中观察出上述的运算过程：

I	…………	你：	379264	*I*	…………	你：	9935
III	…………	你：	4873	*III*	…………	你：	5669
IV	…………	表演者：	995126	*IV*	…………	表演者：	4330
II	…………	总和：	1379263	*II*	…………	总和：	19934

可见，万一你写的第二个数的位数比第一个数还多，表演者就会陷入困境：他预测的结果太小了，又没法通过第三个数来减少总和，最终结果必然不相符合[1]。因此，有经验的表演者会预先用上述条件来限制你的选择。

这个戏法要是有多人参演就会更加令人印象深刻：第一个人首先写一个数字，比如说437692，接下来表演者写出五个数字的总和2437690（此处需要加上999999的两倍，即200000−2）。之后的情况如下：

I	…………	你：	437692
III	…………	第二人：	822541
V	…………	第三人：	263009
IV	…………	表演者：	177468
VI	…………		736990
II	…………	预测结果：	2437690

---

[1] 作者的解释过于简略，此处试提供一种证明：以五位数的情况为例，设三个被加数分别为N、X、Y，其中N为五位数，易知X>99999，则（N+99999）<（N+X）<（N+X+Y）；可见，在X位数大于N位数的情况下，不论第三个被加数是多少，三个被加数之和都必然大于预测结果。——译注

预测结果

有一类令人印象深刻的算术戏法，表演者尽管完全不知道给定的数字，却能猜出它们的运算结果。类似的戏法为数众多。要想进行这种表演，就得设计一些特殊的运算，其结果并不取决于参与运算的各个数字。

我们不妨来看几个例子。

众所周知，能被9整除的数具有如下特点：如果某数的各位之和能被9整除，那么它本身也能被9整除。回想一下它的推导方法，我们还能得到另一条有趣的规则：某数与其各位数字之和相减，其得数能被9整除（这条规律是推导"被9整除律"的副产品）。同理，如果把某数的各位数字打乱后重新组合，再从原数中减去新数，其得数也能被9整除。例如，457－（4+5+7）=441，441能被9整除；7843－4738=3105，3105能被9整除[①]。利用上述规律可以表演一个简单的算术戏法。

习题 ㊷

你请同伴随便想一个数，然后把各位数字打乱重排成一个新数，再用二者中的大数减去小数。算出结果之后，对方随意去掉得数中的一个数字，并把其余的数字大声读出来；这时，你立刻说出了那个被去掉的数字。你是怎么猜出来的呢？

解

简单至极。你知道这个得数能被9整除，换言之，其各位之和能被9整除；只需快速心算一下得数的已知各位之和，就很容易想出那个被去掉的数字，使得补上它后得数能被9整除。试举一例：对方想的数字是57924，重排成92457，相减的结果为3？533（？表示被去掉的数字），3+5+3+3=14；可见被去掉的数字是4，因为离14最近、大于14而又能被9整除的数是18，而18－4=14。

习题 ㊸

上述戏法还可以设计得更加引人入胜——表演者可以在不询问出题者

---

① 这个特点是由"余数法则"推导出来的，本书第四章已经提到过这个问题。——原注

的情况下猜中数字。最简单的方法是：请对方想一个首末位不相等的三位数，接下来把这个数倒序重排，再用二者中的大数减去小数；把得数倒序重排，最后把新数与得数相加。尽管经过几次重排和加减，你却能不假思索地说出最终得数，甚至可以预先把答案写在封好的信封里交给对方，想必会令他惊讶万分。不过，要怎么做到这一点呢？

解

奥秘很简单：不管想哪个数，最终计算结果都是1089。我们来看几个例子：

762	431	982	291
− 267	− 134	− 289	− 192
495	297	693	099
+ 594	+ 792	+ 396	+ 990
1089	1089	1089	1089

（最后一个例子表明：当第一次相减的结果是二位数时，出题者应该把百位的0也考虑在重排的数字中。）

仔细看看这些运算，你肯定能明白为什么只会算出同一个结果。第一次重排相减后十位必然是9，个位和百位之和也是9；因此，第二次重排相加后个位必然是9，十位是9＋9＝18＝8进1，百位是9＋1＝10，最终结果是1089。

如果原封不动地表演这个戏法，一连几次之后就难免穿帮：出题者会发现得数始终是1089，尽管他未必能弄清其中的缘故。为此就必须做点改动，这其实并不难，因为1089＝33×33＝11×11×3×3＝121×9＝99×11，所以可以请对方在算出1089之后除以33、11、121、99、9当中的一个数，然后你就可以说出最终得数了。这样一来，你就有了5种不同的戏法。何况还有更多的办法可供选择，比如请对方把1089随便乘以一个数，你再自己心算一下得数就行了。

除法速算

这类算术戏法还有许许多多的变种，我们再从中挑一个进行介绍。之前我们已经了解过各位都是9的乘数的性质，而本题正好利用了这一点：当一个N位数乘以一个各位都是9的N位数时，得数会由两部分组成，前半部分是被乘数减去1，后半部分是乘数减去前半部分。例如：247×999＝246653，1372×9999＝13718628，诸如此类。其原因可以从下面的算式中看出来：

247×999＝247×（1000－1）＝247000－247＝246999－246

靠着这一点，你就可以请全班同学来做大数除法了：第一位同学算68933106÷6894，第二位算8765112348÷9999，第三位算543456÷544，第四位算12948705÷1295……与此同时，你自己也做相同的题目，并且要算得比所有人都快。结果，同学们还没来得及动笔，你就已经把正确的计算结果写在纸上，并分发给每一个人：第一人是9999，第二人是87652，第三人是999，第四人是9999……

你可以照着这个例子自行设计一些速算，好让不知内情的人大吃一惊，为此可以利用一些数字的特殊性质，详情可参考第六章《神奇数字的画廊》。

喜爱的数字

习题 ㊹

你请某人说出自己喜爱的数字，假设他给了个6。

"太妙了！"你惊呼道。"这可是所有数字中最神奇的一个啊。"

"有什么神奇的呢？"对方问。

"喏，把你喜爱的数字乘以9，再把得数54写在12345679下面，乘一下试试：

$$\begin{array}{r} 12345679 \\ \times \qquad 54 \\ \hline \end{array}$$

结果是多少呢？"

对方乘了一下，惊奇地发现得数正是由一串这样的数字组成的：

666666666

"瞧，多棒的算术感！"你总结说，"恰好挑出了一个如此神奇的数字！"

不过，这究竟是怎么回事呢？

解

对方不管选了1~9中的哪个数字，都可以说他有着极好的算术感，因为每个数字都具备同样的性质：

$$\begin{array}{c} 12345679 \\ \times 4 \times 9 \\ \hline 444444444 \end{array} \qquad \begin{array}{c} 12345679 \\ \times 7 \times 9 \\ \hline 777777777 \end{array} \qquad \begin{array}{c} 12345679 \\ \times 9 \times 9 \\ \hline 999999999 \end{array}$$

"神奇数字的画廊"一章中提到过数字12345679的性质。回忆一下那部分内容，你就会明白个中缘由了。

猜生日 //

这类算术戏法可以进行各种各样的改编。接下来我要介绍一个相当复杂的、但也因此令人印象深刻的例子。

习题 ㊺

假设你生于1903年5月18日，现年23岁，但我既不知道你的生日，也不知道你的年龄。不过，我只需请你做几个计算，就能把生日和年龄都猜出来。

首先请你把出生月份对应的数字5乘以100，再加上出生日期（18），接下来对得数依次进行下列运算：乘以2，加上8，乘以5，加上4，乘以10，加上4；然后把得数加上你的年龄（23）。

完成上述运算之后，你把最终结果告诉我。我把这个数减去444，然后从右数起，每两个数字分为一组，立刻就得到了你的出生日期、出生月份和年龄。

千真万确！我们可以按顺序做一下上述运算：

$$5 \times 100 = 500$$
$$500 + 18 = 518$$
$$518 \times 2 = 1036$$
$$1036 + 8 = 1044$$
$$1044 \times 5 = 5220$$
$$5220 + 4 = 5224$$
$$5224 \times 10 = 52240$$
$$52240 + 4 = 52244$$
$$52244 + 23 = 52267$$

（我的计算）$52267 - 444 = 51823$

从右起每两个数字分为一组，可得：

5-18-23

也就是5月、18日、23岁。

为什么会这样呢？

解

下面的等式揭示了戏法的奥秘：

$$\{[(100m+t) \times 2 + 8] \times 5 + 4\} \times 10 + 4 + n - 444 = 10000m + 100t + n$$

在这个等式里，m表示月份，t表示日期，n表示年龄。等式左边是上文提到的所有运算，右边是打开括号并整理化简后的得数。须指出，在$10000m + 100t + n$这个式子中，m、t、n至多只能是两位数；因此，对最终得数按每两个数字分为一组，总能恰好分成三组，分别表示未知数m、t、n。

聪明的读者，你可以自己对这套戏法做一些改动，设计出另一套运算组合，最终也会得出相同的结果。

马格尼茨基的"趣味算术题"

下面的戏法并不深奥，我想请读者独立解开其中的秘密。它出自马格尼茨基所著《算数》的"趣味算术题"一章。

请某人随便想一个数，这个数可以是与钱有关、与日期有关、与钟点有关——总之，与"任何能表示成数字的东西"有关。比方说在场的有8个人，其中第四人的小拇指（即第五个手指）的第二个关节上戴着一个指环。等表演者登场之后，人们就向他发问：在这8人当中（分别编号为1~8），是谁的哪个手指的第几个关节上戴着指环呢？

他回答说：请把那人的编号乘以2，再加上5，得数再乘以5，然后加上手指对应的序数；接下来把得数乘以10，再加上关节对应的序数；未知数并不复杂，应该很容易就能算出，最后请把得数告诉我。

$$
\begin{array}{r}
4 \\
\times \quad 2 \quad \text{（第四人）} \\
\hline
8 \\
+ \quad 5 \\
\hline
13 \\
\times \quad 5 \\
\hline
65 \\
+ \quad 5 \quad \text{（第五个手指）} \\
\hline
70 \\
\times \quad 10 \\
\hline
700 \\
+ \quad 2 \quad \text{（第二个关节）} \\
\hline
702 \\
- \quad 250 \\
\hline
452
\end{array}
$$

众人按照他的吩咐，对相应编号和序数做了一番计算，最后得数是702；表演者再从中减去250，还剩452，也就是第四人、第五个手指、第二个关节。

诸位不必惊讶，这个算术戏法早在两百年前就已经为人所知了。1612年，《有趣的数字习题》（巴歇·德·梅齐里亚克[①]著）一书问世，这是

---

① 巴歇·德·梅齐里亚克（1581~1638），法国数学家、语言学家。——译注

世上最早的趣味数学习题集之一，其中就有一些类似的题目；若是追根溯源，梅齐利亚克的题目又出自比萨的莱昂纳多[①]的著作（1202）。总而言之，我们今天所见的大部分数学游戏和难题趣题都有着十分古老的渊源。

[①] 比萨的莱昂纳多（1175~1250），通称斐波那契，意大利数学家，发现了著名的斐波那契数列。——译注

Chapter

第八章
速算与万年历

算术奇谈

$$2^5 \times 9^2 = 2592$$

真天才与假天才

谁要是看过俄罗斯速算家阿拉贡的表演,一定会对他那惊人的计算能力啧啧称奇。他展示在我们眼前的与其说是戏法,倒不如说是罕见的算术天赋。阿拉贡从不耍任何"花招",单凭心算就能求出一个四位数的立方或者两个六位数之积。举个例子,他心算4729^3只用了不到1分钟(答案是105756712489),而心算679321×887064也不过1分30秒罢了。

我不仅欣赏过这位计算天才的舞台演出,还曾有幸一对一地观察他平日的计算,并且可以保证,这些计算绝无窍门,全凭心算,正如我们用纸笔计算一样。阿拉贡有着过人的数字记忆力,可以不写下中间结果就直接得出答案;此外,他的思维极其敏捷,做起二位数运算轻而易举,就像我们做一位数运算那样轻松。多亏了这些才能,六位数乘法对他而言只是小菜一碟,可能比我们做三位数乘法还要简单些。

像阿拉贡这样的奇才可谓是凤毛麟角。然而,在天才们之外还有另一类算术家,他们靠各种类型的戏法诀窍进行表演。你也许听说过甚至亲眼目睹某些"数学天才"的表演,他们能飞快地进行心算,例如:将年龄换算成星期、天、分钟或秒,判断某人出生于星期几,推算某年某月某日是星期几,等等。事实上,其中的大部分计算根本就不需要超凡的数学天赋,只要了解个中诀窍并稍事练习,人人都能进行类似的表演。现在我们就来揭开这些戏法背后的秘密吧。

"我有几周大?"

要想快速地把岁数换算成星期数,只要学会速算$N \times 52$(N为正整数)就可以了,因为52正是一年中的星期数。

习题 ㊹

假设要算的是36×52,"算术家"就能毫不迟疑地说出答案:1872。他是怎么算出来的呢?

解

非常简单：52＝50＋2，而36×5可以通过计算36÷2实现，得18，也就是答案的前两位；容易算出36×2＝72，再把18和72拼在一起，就得到最终答案1872。

道理十分明显：36×52＝36×（50+2）＝36×50+36×2，而36×50＝36×（100÷2）＝（36÷2）×100，这就是把36先除以2的理由；然后把得数扩大到100倍（每个数位向左移两位），再加上36×2＝72就行了。

可见，当被问到"我今年多少岁，那我有几周大"这样的问题时，"天才"算术家正是利用了上述方法才能快速解答。他只需把岁数乘以52，再加上岁数的1/7；这是由于一年有365天，即52星期又1天，而这多出来的一天会导致每7年多出一个星期[①]。

"我有几天大？" //

如果问的不是星期数而是天数，就得换个办法求算：把岁数的一半乘以73，后面添上一个0，即可得解。请注意，730＝365×2，假设我今年24岁，那么只需计算24÷2×73＝12×73＝876，后面再添上一个0，得数8760就是所求天数。乘以73的简便算法与上一题的方法是相同的。

有时还会碰到闰年的情况，对应的调整也很简单，就是加上岁数的1/4（四年一闰），尽管我们通常不考虑因闰年而多出来的天数。在本例中有24÷4＝6，因此最终答案应该是8766[②]。

读者朋友，请先接着阅读下一道题目；在那之后，你肯定也能独立推出将岁数换算成分钟数的方法。

---

① 有时要考虑闰年的因素并对答案加以调整，这也并非难事。——原注
② 利用上述速算方法可以大大地简化运算，哪怕是百万以上的得数也能很快地算出来。建议读者用一般方法做一下相同的计算，到时你就会确信，上述及下文将要提及的方法可以节省许多时间。——原注

"我有几秒大？"

习题 ❹

利用以下方法就能迅速作答：把岁数的一半乘以63，再把岁数的一半乘以72，把两次计算的得数拼在一起，后面添上3个0，即可得解。假设岁数是24，那么应该这样算：$63 \times 12 = 756$，$72 \times 12 = 864$，最终答案是756864000。

和上一题相同，本题没有考虑闰年的因素，因为最终答案往往有数亿之大，相比之下闰年的误差是微不足道的，谁也不会为此而指责算术家的本事。

上述算法的依据是什么呢？

解

解释起来其实很简单：要把岁数（在本例中是24）换算成秒数，只需令岁数乘以一年的秒数，也就是$365 \times 24 \times 60 \times 60 = 31536000$。我们的算法与此并无不同，只不过可以把大数31536拆成两部分（显然最后还要添上3个0）；换句话说，我们并不直接计算24×31536，而是将其化为$24 \times 31500 + 24 \times 36$，再分别对两个乘式进行简便运算，具体步骤如下：

$$24 \times 31536 = \begin{cases} 24 \times 31536 = 12 \times 63000 = 756000 \\ 24 \times \quad 36 = 12 \times \quad \underline{\quad 72 = \quad 864} \\ \qquad\qquad\qquad\qquad\qquad 756864 \end{cases}$$

在后面添上3个0，我们就得到了最终答案：756864000。

乘法速算

如前所述，本章中涉及的乘法运算都可以用简便算法解决，其中有些方法既简单又便捷，能够大大降低计算的难度，因此建议读者把它们记下来并用于一般的计算。例如在计算二位数乘法时，有一个非常简便的交叉相乘法。这种算法历史相当悠久，可以追溯到古希腊和古印度的时代，在当时被称为"闪电算法"或"十字相乘法"。如今交叉相乘法已经被彻底遗忘了，让我为读者将其重现吧[①]。

假设要算24×32，我们可以想象如下的图示，把其中一个数字放在另一个下面：

$$
\begin{array}{ccc}
2 & & 4 \\
| & \times & | \\
3 & & 2
\end{array}
$$

然后依次进行下列运算：

①$4 \times 2 = 8$；8就是得数的个位数字。

②$2 \times 2 + 4 \times 3 = 16$；6就是得数的十位数字，1则记下来待用。

③$2 \times 3 = 6$，再加上第二步记下来的1，得7；7就是得数的百位数字。

这样就算出了得数的各位数字：7、6、8——768。

这种简便算法只需稍事练习就能轻松掌握。

还有一种至今仍盛行不衰的算法，也就是所谓的"补足法"。这种方法在乘数接近100的题目中是非常好用的。

假设要算92×96，那么把92补足到100得加上8，把96补足到100得加上4。因此可以根据下图进行计算：

乘数：92，96

补足数：8，4

据此，只需用乘数减去补足数（反之亦可），就不难求出得数的百位和千位数字，在本题中有$92 - 4 = 96 - 8 = 88$；接下来计算两个补足数之积：$8 \times 4 = 32$。把这两个数拼在一起，就得到了最终答案8832。

从下图可以看出得数是正确的：

$$
92 \times 96 = \left\{
\begin{array}{l}
88 \times 96 = 88(100-4) = 88 \times 100 - 88 \times 4 \\
4 \times 96 = 4(88+8) = \underline{4 \times \quad 8 + 88 \times 4} \\
\hline
92 \times 96 \qquad = \qquad 8832 + 0
\end{array}
\right.
$$

---

① 不过，近年来这种算法又重新开始得到应用，这主要应归功于德国著名计算家、工程师F.费罗尔的积极宣传。在美国，优秀的教育工作者都主张用交叉相乘法来取代慢腾腾的现行算法。——原注

这天是星期几？ //

要想学会迅速确定某个日期（如1893年1月17日、1943年9月4日等）是星期几，就得先了解现行日历的一些特点。现在我们就来讲解这个问题。

推算证明，公元元年1月1日是星期六。一年通常有365天，即52周又1天，可见一年的第一天和最后一天是一星期中的同一天；进而可知，每一年的第一天都会比上一年的第一天推后一天[①]。既然公元元年1月1日是星期六，那么公元2年1月1日就该推后一天，也就是星期日；公元3年1月1日要推后两天；依此类推。再举个例子，公元1923年1月1日该是从星期六往后推1922天（1923－1）——当然，这是在忽略闰年的前提下推出的，实际上必须求出闰年的数量：$1923 \div 4 = 480$。除此之外，考虑到历法变更的因素，还应该减去新旧历之间的13天差距[②]：$480 - 13 = 467$。最后把这个得数加上1923年1月1日与给定日期之间相距的天数。假设给定日期是12月14日，那么两个日期之间相距347天，$1922 + 467 + 347 = 2736$，$2736 \div 7 = 390 \cdots\cdots 6$，余数6表示1923年12月14日是星期六推后六天，也就是星期五。

以上就是星期推算法的实质，不过实际操作起来要简单得多。我们注意到，每过28年就有7个闰年，每个闰年多出1天，7年正好凑成一整周，因此相隔28年的两年的任意对应日期都该是同一天[③]。此外，本例中我们首先从1923中减去1，再减去新旧历之间的13天差距，总共是减掉了$1 + 13 = 14$天，也就是整整两周，而整周的加减显然不会影响推算结果。综上所述，在推算20世纪的日期时，我们只需考虑以下三个因素就够了：

① 本章中的"推后X天"均指星期而非日期，即星期一推后一天是星期二，推后两天是星期三，依此类推。——译注
② 1582年，教皇格里高利十三世进行历法改革，推行新历取代旧历（儒略历），但是俄国没有立刻接受新历，而是继续沿用旧历三百余年。历法改革造成新旧历之间的日期不一致，18世纪旧历比新历早11天，19世纪早12天，20世纪早13天。1918年1月26日，苏俄政府宣布废除旧历，上述差别不复存在。具体到本章中，凡1918年1月26日之后的日期都默认为新历，之前的日期如有注明也是指新历。——译注
③ 这里的"同一天"指的是一周中的同一天，如都是星期一、都是星期二……本章最后一节中也会涉及这个说法，与此处同理。——译注

①给定日期距同年1月1日的天数（本例中是347）；

②给定年数除以28的余数（本例中是1923÷28=68……19）；

③第二步的余数中的闰年数（本例中是4）。

把这三个数相加再求余数：347＋19＋4=370，370÷7=52……6（星期五），与之前推算的结果一致。

同理可得，1923年1月15日是星期一（14＋19＋4=37，37÷7=5……2）。1917年2月9日（新历）是星期五（39＋13＋3=55，55÷7=7……6）。1904年2月29日（新历）是星期一（59＋0－1=58，58÷7=8……2）[①]。

上述推算还可以继续简化：在计算给定日期距同年1月1日的天数时，我们其实无须计算每月的全部天数，而只要求出它除以7的余数就行了。进一步思考：1900÷28=67……24，余数24年中含有5个闰年，而24＋5=29，29÷7=4……1，可见1900年1月1日是一周的第一天[②]。由此可知，每个月的第一天都有一个对应的数字，它确定了这个日期是一周中的哪一天，我们不妨把它叫作"剩数"。

1月 ……………………………… 1

2月：1＋31=32 …………………… 4

3月：4＋28=32 …………………… 4

4月：4＋31=35 …………………… 0

5月：0＋30=30 …………………… 2

6月：2＋31=33 …………………… 5

7月：5＋30=35 …………………… 0

8月：0＋31=31 …………………… 3

---

① 1904能被28整除，可见1904年是闰年，而既然选了2月29日这个日期，就说明重复考虑了闰年的因素（因为只有闰年有2月29日——译注），因此要减去多算的一天。——原注

② 从字面上看，这指的是星期一，万年历也显示1900年1月1日是星期一；但这就表明推算出了问题（最终余数1，星期六推后一天该是星期日）。事实上，1900年2月之前新旧历之间的差距是12天，而作者依然是在13天的前提下推算的，相当于多减了1，导致最终余数少了1，可见星期一无误。不过这个疏忽并不影响下文"剩数表"的应用，因为举的例子都在1900年2月之后，新旧历的差距已经自动纠正过来了；读者在计算时应自行判断"剩数表"是否适用。——译注

$$9月：3+31=34 \cdots\cdots\cdots\cdots\cdots\cdots 6$$

$$10月：6+30=36 \cdots\cdots\cdots\cdots\cdots 1$$

$$11月：1+31=32 \cdots\cdots\cdots\cdots\cdots 4$$

$$12月：4+30=34 \cdots\cdots\cdots\cdots\cdots 6$$

这些数字并不难记，况且还有一个帮助记忆的方法，就是把它们写在手表表盘上的12个数字旁，每个钟点对应一个月份的"剩数"。

现在我们来算算1923年3月31日是星期几：

$$当月的日期 \cdots\cdots\cdots\cdots\cdots\cdots\cdots 31$$

$$3月的"剩数" \cdots\cdots\cdots\cdots\cdots\cdots 4$$

$$当年距1900年的年数 \cdots\cdots\cdots\cdots 23$$

$$其中的闰年数 \cdots\cdots\cdots\cdots\cdots\cdots\underline{5}$$

$$总和 \cdots\cdots\cdots\cdots\cdots\cdots\cdots\cdots\cdots 63$$

63能被7整除，因此这天是星期六。

习题 ㊽

1948年4月16日是星期几?

解

$$当月的日期 \cdots\cdots\cdots\cdots\cdots\cdots\cdots 16$$

$$4月的"剩数" \cdots\cdots\cdots\cdots\cdots\cdots 0$$

$$当年距1900年的年数 \cdots\cdots\cdots\cdots 48$$

$$其中的闰年数 \cdots\cdots\cdots\cdots\cdots\underline{12}$$

$$总和 \cdots\cdots\cdots\cdots\cdots\cdots\cdots\cdots\cdots 76$$

$76 \div 7 = 10 \cdots\cdots 6$，这天是星期五。

习题 ❹⑨

1912年2月29日（新历）是星期几？

解

当月的日期	······························	29
2月的"剩数"	····························	4
当年距1900年的年数	················	12
其中的闰年数[①]	···················	2
总和	·································	47

$47 \div 7 = 6 \cdots\cdots 5$，这天是星期四。

20世纪以前的日期同样可以利用这些"剩数"进行推算，不过应注意一点：19世纪新旧历之间的日期差距不是13天，而是12天。此外，$1800 \div 28 = 64 \cdots\cdots 8$，其中含有2个闰年，而$8+2=10$，$10 \div 7 = 1 \cdots\cdots 3$。可见，在推算19世纪的日期时，必须加上$3-1=2$天的修正值。以1864年12月31日（新历）为例，我们先按之前的办法进行推算，然后加上2天的修正值：

当月的日期	······························	31
12月的"剩数"	···························	6
当年距1800年的年数	················	64
其中的闰年数	···························	16
19世纪的修正值	····················	2
总和	································	119

119能被7整除，因此这天是星期六。

---

① 请注意：既然我们选择了2月29日这个日期，那就说明已经考虑了一次闰年，所以这里不是3个闰年，而是2个。——原注

1886年4月25日（新历）是星期几？

解

当月的日期 ………………………………	25
4月的"剩数" ……………………………	0
当年距1800年的年数 ………………	86
其中的闰年数 ………………………	21
19世纪的修正值 ………………………	2
总和 …………………………………	134

$134 \div 7 = 19 \cdots\cdots 1$，这天是星期日。

做完上面的几个练习，我们发现计算还有进一步简化的余地：对"当月的天数"、"当年距XY00年的年数"以及"总和"这三项，我们根本不必把原数写入计算过程中，只要算出它们除以7的余数就行了。以1934年3月24日为例，通过几个简单的计算就能确定当天是星期几：

当月的日期（24）除以7的余数 ……………	3
4月的"剩数" …………………………………	0
当年距1900年的年数（34）除以7的余数 …	6
其中的闰年数 ………………………………	1
总和除以7的余数 …………………………	0（14）

这天是星期六。

算术家当众表演速算时利用的就是这类简便算法。上述的推算显然都十分简单，只要做点练习，人人都能表演这个节目[1]。

---

[1] 推算日期的简便算法有很多，这里介绍的是我所知最简单的一种，它是由德国数学家F.费罗尔发明的，此人以快速心算著称，上文已经提到过他的事迹。——原注

手表上的日历 ///////////////////////////////////////

上文介绍了日历的几个小秘密，它们不仅能用来表演戏法，还可以在日常生活发挥作用。举个例子，我们不费多少工夫就可以把手表变成一个"万年历"，并用它确定任意年份的任意日期是星期几。为此只需小心地拆下手表的玻璃盖，然后根据上一节中的"剩数表"，用墨水在表盘数字的边上点几个小点，小点的个数表示对应月份的"剩数"（见下图），而"剩数"的用法我们已经说明过了。

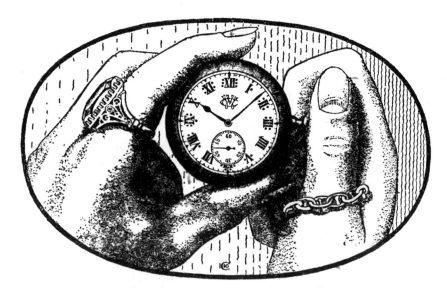

用这个万年历来推算20世纪的日期尤为方便：只需把当月的"剩数"加上当月的日期、年份的后两位数字，以及这个两位数除以4的整数部分；更好的办法是直接用上述数字除以7的余数进行计算。把以上四个数加起来再除以7，所得余数就表明了当天是星期几：0是星期六，1是星期日，2是星期一，3是星期二，依此类推。

这种手表万年历还有一个更便捷的用途，那就是推算当前这一年的日期。我们很容易知道当下距世纪初（XY00年）的年数，然后求出这个年数除以7的余数，以及这个余数的$\frac{1}{4}$，把这两个得数牢牢记住就行了；余数必须加上当月的日期以及月份对应数字边上的点数。当然也可以先算出余数与点数之和，把得数按年份记在表盘上，这样就用不着特地去求和了，只不过这种做法未必实用。

可以用来制作这种万年历的显然不只是手表。你可以把"剩数表"抄在一条细长的纸带上，然后把纸带贴在铅笔上、尺子上，或记事本的边缘上——总之，贴在平时经常使用的物件上面。这样一来，一个随处可放的小小万年历就完成了。

日历习题

想继续挑战各种日历习题的读者可以尝试解答以下问题：

在同一年中，为什么4月和7月的对应日期都是同一天[①]呢？3月和11月呢？9月和12月呢？5月和次年1月呢？

为什么平年的1月1日和10月1日是同一天呢？为什么2月1日、3月1日和11月1日是同一天呢？

在同一个世纪中，为什么相隔28年的两年的对应日期都是同一天呢？设这28年中的第一年为N年，请解释为什么N、（$N+11$）、（$N+17$）、（$N+22$）和（$N+28$）这五年的对应日期都是同一天。

设某年为$19XY$年，且（$19XY-40$）年和（$19XY-96$）年都在19世纪。请解释为什么这三年的对应日期都是同一天。

---

① 见本章109页注3。——译注

9

Chapter

第九章

数字王国的"巨无霸"

脑筋急转弯

哪个数能够整除一切数？

（答案见本书第十章）

一百万有多大？

在以前的俄罗斯，老百姓会在日常生活中用到面值数百万、几十亿乃至上万亿的纸币，以致大家对这些原本"神奇的"大数见怪不怪了。一个普通家庭的月收入已经高达数百万，而一个次级机关的预算都以万亿计，叫人难免产生这样的想法：这些以前令人难以想象的庞大数字，其实并不是我们想象的那样不可企及。既然数百万卢布都买不到一罐牛奶，十亿卢布还买不起一双皮靴，这样的数字也就没什么可大惊小怪的了。

然而，尽管大数已经走进日常生活，不再显得高不可攀，但如果人们以为对它们有了更充分的了解，那就是大错特错了。大多数人眼中的"百万"依然是一个"熟悉的陌生人"。更确切地说，情况甚至比这还要糟糕，因为如今对"百万"的观念比以前更加错误。从前，"百万"是一个超出常人想象的数字，于是我们往往对其进行夸大；如今，实际上不值一文的东西被标以数百万的价格，人们心目中的"百万"就缩水成了一个触手可及的普通数目。我们在此落入了一个可笑的心理误区：一百万卢布确实是变小了，但我们并不是将其归结于货币贬值，而是认为"百万"这个单位本身缩小了。我曾听过这样的一个笑话：当初次得知地球和太阳之间的距离是1.5亿公里（150个百万）时，有个人天真地惊呼道：

"就这么点儿吗？"

另一个人读到，从彼得格勒到莫斯科要走一百万步，于是惊呼：

"到莫斯科才一百万步？我们光是买票就得花两百个百万啊！……"

一旦涉及金钱的计算，多数人都能自如地调用百万以上的数字，但他们却根本不明白这些数字的真实大小。要想把这个问题搞清楚，就得用"百万"来计量人们觉得具有恒定大小的事物，而不是卢布这种随时可变的货币单位。你要是想感受一下"百万"的真实大小，就试着在空白的作业本上点一百万个点吧。我并不是真叫你把这些点都点完（恐怕没人会有这份耐心），但这事只要开了个头，你就会发现进度极其缓慢，从而感受到"真正的"百万究竟是个多么庞大的概念。

英国博物学家阿尔弗雷德·拉塞尔·华莱士是达尔文[1]的著名同道，他认

---

[1] 查尔斯·达尔文（1809~1882）：英国博物学家，生物学家，进化论的提出者。——译注

为很有必要帮助人们形成对"百万"的正确认识，并为此提出了如下建议：

"在每所足够大的中小学里都应该拨出一间教室或大厅，在墙上直观展示出'百万'的大小。为此就需要100张足够大的、边长 $4\frac{1}{2}$ 英尺正方形白纸，每张纸上整齐地画出许多边长 $\frac{1}{4}$ 英寸的正方形小格，在小格里点上黑点，在黑点之间留出均匀的空白。每10个黑点之间要留出双倍的空白，好把这些点分成一百个（10×10）一百个的若干组。这样一来，每张纸上就会有10000个黑点，站在房间正中也能看得很清楚，100张纸上能容下一百万个黑点。要是真能布置出这样一个大厅，那么它将具有极大的教育意义，在那些放肆地谈论'百万'并将其随意滥用的国家里更是如此。同时还应指出，现代科学已经在同超乎常人想象的大数或小数打交道，比如现代天文学和物理学就必须用到高达上百个、成千个甚至几百万个百万的数字[①]，因此一个人要是不能直观想象出这些数字的大小，概括地说，连一个百万的大小都无从设想，他就不可能对现代科学的成就做出恰当的评价。无论如何，我非常希望每座大城市里都能布置起一座大厅，在大厅的墙上直观展示'一百万'的真实大小。"

在此我要推荐一种大多数人能接受的方法，帮助读者形成对"百万"大小的明晰概念。为此只需寻找一些非常微小但大家都很熟悉的东西——步子、分钟、火柴、杯子等，然后靠心算把它们以百万的规模合在一起。结果往往出乎意料，叫人大吃一惊。

下面我们就来举几个例子。

一百万秒钟

习题 ⑤1

假设要数一百万件东西，每件花1秒钟，你觉得这份工作会占去多少时间呢？

[①] 举个例子，行星之间的距离能以几十个甚至上百个百万千米来计算，行星之间的距离得以数百万个百万千米来计算，1立方厘米空气中的分子数则多达百万个百万的几百万倍。——原注

解

事实上，假如你每昼夜连续不停地数上10个小时，要全部数完也得花一个月的时间！简单口算一下就能验证这个结论：1小时有3600秒，10小时就是36000秒，因此三个昼夜能数大约10万个东西；一百万是十万的十倍，所以要30天才能全部数完[①]。

顺便提一句，我们由此还可以得出另一个结论：那个"在练习本上点一百万个点"的任务必然会耗去许多星期的艰苦劳动，而且还得有一本1000页的练习本。尽管如此，只要肯干，这工作总有一天是能够完成的。我曾在一本广为流行的英国杂志上读到一件奇事：20世纪中叶，有位极其耐心的习字课老师用手在一本练习本上点了一百万个点；这本练习本有500页，每页上都用铅笔打了格子，然后在里面点上1000个排列得整整齐齐的点。杂志上登出的便是这些纸页的复印件。

头发的一百万倍粗 //

习题 52

"纤细如发"的说法已经几乎成了一句谚语。我们对头发已经司空见惯，也很清楚它究竟有多么纤细。人类头发的直径大约是0.07毫米，我们取个整值，就算作0.1毫米好了。请想象一下：头发的一百万倍粗会有多粗呢？和手臂一样粗吗？和原木一样粗吗？还是和大圆桶一样粗？说不定能达到一个中等大小房间的宽度吧？

要是你以前从未思考过这样的问题，而且事先也没做过计算，那我保证你一定会给出一个错得离谱的答案。不仅如此，你甚至可能会对正确答案提出质疑，毕竟它看上去太不合情理了。答案究竟是什么呢？

解

假如头发的粗细变成了原来的一百万倍，那它的横截面直径会长达

---

① 给读者提供一个信息：天文学上的1年相当于31556926秒，因此100万秒确切来说相当于11昼夜13小时46分40秒。——原注

100米！乍看下很是不可思议，但只要费点功夫算算就会确信这是事实：$0.1mm \times 1000000 = 0.1m \times 1000 = 0.1km = 100m$。

有关"百万"的练习 ///

为了适应"百万"的真正大小，你可以试着口头解答以下几道习题：

习题 ㊙

人人都知道，一只普通家蝇长约7毫米。不过，要是它变长到原来的一百万倍会怎么样呢？

解

$7mm \times 1000000 = 7m \times 1000 = 7km$，这大约是莫斯科或列宁格勒的城区宽度。可见，要是一只苍蝇或蚊子变长到原来的一百万倍，它就可以用自己的身体盖住整座首都了。真是令人难以置信！

习题 ㊙

手表变大一百万倍会是怎样一番光景？你恐怕料想不到结果有多么惊人！

解

变大后的手表直径为50千米，表盘上的每个数字大约有1里长（7000米）[①]。

习题 ㊙

要是一个人的身高有常人的一百万倍，他该有多高？

解

答案是1700千米。此人的身高大约是地球直径的$\frac{1}{9}$，他一步就能从列宁格勒跨到莫斯科，躺倒后身体能从列宁格勒够到克里米亚[②]……

[①] 这里指的是"地理里"，长度为赤道长度的$\frac{1}{15}$，1里=7420千米。参见本章"立方里和立方千米"一节。——译注

[②] 克里米亚是黑海北岸的一个半岛，列宁格勒（圣彼得堡）在俄罗斯的西北部。——译注

以下再举几个现成的推算实例，供读者进行验证：

朝同一个方向走上一百万步，大约能走完600千米。从莫斯科到列宁格勒大概就是一百万步的距离。

要是一百万人肩并肩排成一行，这队列大约能延伸250千米。

一百万杯水能装满200个大桶。

把一百万个印刷体的小点（比如这本书里用到的点）紧挨着排在一起，合起来大概有50到100米长。

每次舀体积为针尖大小的一丁点水，舀一百万次就能够舀起大约1吨重的水，可以装满一个80维德罗[1]的大桶。

一百万页的书大约有50米厚。

一百万天比27个世纪还长。如今距离公元元年还不到一百万天呢！

大数的名称 //

我们首先来了解一下milliard、billion和trillion[2]等几个大数的名称，然后再研究它们的性质。人们对"million"这个词的理解是一致的，也就是一千个一千（百万）。但"billion"、"trillion"等都是不久前才造出来的新词，意义也还没有完全统一。在金融计算或日常运用中，我们通常管一千个百万叫billion，管一百万个百万叫trillion，但这些名称在天文书或物理书中指的就是另一回事了：billion并不指一千个百万，而是一百万个百万；trillion指一百万个百万的一百万倍；quadrillion指一百万个百万的一百万倍的一百万倍；等等。简而言之，这些新造的大数名称之间具有如下关系：在科学文献中，相邻两级大数之间相差一百万倍；在金融计算和日常运用中，相邻两级大数之间相差一千倍。

---

① 俄国液量单位，1维德罗＝12.3公升。又：原文并未说明舀的是何种液体，不过80维德罗＝12.3×80≈1000公升，可见这种液体的密度约为1吨/1000公升＝1千克/立方分米，可以推定为水。——译注

② 在大多数西方语言中，有一些通用的单纯词来表示百万以上的大数，但它们的含义在不同语言及不同场合中并不十分固定，而且在汉语中只能对应成复合词或词组，翻译过来后很难传达原文的意思。因此，本节把这些大数全部处理成俄文对应的英文术语，方便读者辨识，只有涉及数学计算时才翻译成汉语。——译注

下面的表格直观地揭示出了这种区别：

日常生活和金融计算	quintillion	quadrillion	trillion	billion	百万（million）	千	
	0	000	000	000	000	000	000
天文学和物理学	trillion		billion		百万（million）	千	

可见，物理学家眼中的*billion*其实是金融家眼中的*trillion*，其他也依此类推。为了避免产生误解，在使用大数名称时就得始终标明对应的数字；反过来说，如果用文字把数字表示出来，那么大数名称不仅无助于明确数字的真实大小，反而会导致混淆，这大概也是实践中绝无仅有的特殊情况了。此外还能看出一点：金融家对用词毫不吝惜，用多个名称来表示较小的数字，天文学家和物理学家却惜字如金，用很少的名称就能表示很大的数字；这是因为金融业务中几乎不会碰到12位以上的数字，而科研中连20位数都是屡见不鲜的，所以科学工作者必须更经济地利用这些名称。

Milliard

不论在金融计算还是在科学研究中，我们都用*milliard*这个词来表示一千个百万，但是在德国和美国，*milliard*有时指的不是一千个而是一百个百万。当"*milliardaire*（拥有*milliard*财产的人）"这个词传到大洋彼岸的时候，当地其实根本没有坐拥数十亿家财的富豪；乍一看是件怪事，但既然*milliard*在美国可以指一百个百万（亿）而非一千个百万（十亿），事情也就解释得通了。事实上，直到第一次世界大战之前，美国首富洛克菲勒[①]的全部财产"仅仅"有9亿美元，更不必说其他的"*milliardaire*"了，

---

① 约翰·D·洛克菲勒（1839~1937）：美国石油大王，超级资本家，被认为是世界历史上最富有的人之一。——译注

"一战"期间美国才出现了真正意义上的"*milliardaire*"（有时也被当地人称作"*billionaire*"，即"拥有*billion*财产的人"）。

要理解*milliard*究竟有多大，不妨考虑一下这样的事实：你正在读的这本书里大约有200000个字母，5本同样的书里就有一百万个字母，而10亿（*milliard*）个字母就得有5000本书；这些书能整整齐齐地堆成一个有伊萨基辅大教堂[①]那么高的柱子。

10亿秒超过了30年（确切地说是31.7年），10亿分钟超过了19个世纪。直到24年前的1902年4月29日上午10点40分，人类才度过了有纪年以来的第十亿分钟。

Billion和Trillion

即使是对"百万"司空见惯的人也很难认清这两个大数的真实大小。庞大的"百万"跟它们相比就像一个小小的侏儒，正如"一"同"百万"相比一样。可是，我们往往搞不清楚这些大数之间的相互关系，也没能理解它们之间究竟有多大的差距。就此而论，我们同那些只会数到2或3的原始人其实毫无差异，因为他们把超出自己认识范围的数统统当作"很多"，而我们在理解大数时也正是如此。德国著名数学家G.舒伯特教授说：

"博托库多土著人[②]看不出2和3之间的差别，而许多有文化的现代人竟同他们一样，以为billion和trillion之间也没多大差别。他们至少是没意识到这两个数之间相差了一百万倍；事实上，把trillion和billion相提并论，就好比是拿从柏林到旧金山的距离同街道的宽度相比。"

如果头发变粗到原来的10亿（*billion*）倍，它的直径会有地球直径的8倍之多。如果苍蝇变大到原来的10亿倍，它的腰围会比太阳的直径还大70倍！

---

① 圣彼得堡的名胜，高约101.5米。——译注
② 南美巴西的一个印第安人部落。——译注

有一个办法可以直观地了解"百万（*million*）"、"十亿（*billion*）"和"万亿/艾克萨（*trillion*）①"之间的关系。不久前列宁格勒大约有10万居民，想象有100万座跟列宁格勒一样的城市，它们能排成一条长达700万千米（地球到月亮距离的20倍）的队列，这些城市的总人口大约就是10亿人。再想象有100万列这样的城市——换句话说，有一个正方形的范围，它的每条边都是由100万座跟列宁格勒一样的城市构成的，内部也整整齐齐、密密麻麻地排满了同样的城市，那么这个正方形里就有10000亿个居民。

把10000亿块砖头严丝合缝地铺在全球的陆地上，可以铺成一个四层楼高（16米）的密实砖层，并覆盖住地球上所有的大陆。

用强大的天文望远镜观测两个天半球②，能够看见5亿多个天体；假设这些天体上都住满了跟地球人口一样多的人，这些居民的总数也不过一艾克萨人③罢了。

最后举一个微观世界的例子。分子是自然界中最微小的物体，一个分子的大小差不多是本书中印的一个点的一百万分之一。要是用一条细线串起一艾克萨个这样的分子，这条线该有多长呢？它长得可以沿着赤道把地球绕上7周！

Quadrillion

我们已经多次提到过马格尼茨基的《算术》，这部古老的著作里有一张数位名称表，其中最大的数是"尧它（*quadrillion*）④"，也就是1后面

---

① 下文的例子中出现了trillion的两种用法：1012或1018；前者对应汉语的"万亿"，后者却难以处理，此处尝试借用国际单位制中的标准词头exa-（艾克萨），仅供读者参考。参考：刘群：《有关中文大数问题的缘由和建议》（《中国科技术语》2013年第1期）。——译注

② 天文学中的一个假想概念。假设有一个和地球同心、半径无穷大的圆球，那么天空中的所有物体都可以认为是落在这个天球上。天球与地球相对应，也有赤道、地轴和南北半球等概念。——译注

③ 本书写于1926年，当时全球大约有20亿人口，可见这里的trillion是上文提到的科学用法，1trillion=1018。——译注

④ 此处同样借用国际单位制的标准词头iota-。——译注

添上24个0。

　　与古人的数表相比，马格尼茨基的工作可谓是大大前进了一步。在15世纪以前，古斯拉夫的大数表还是相当简陋的，最大也只到100个百万（亿），参见下表：

tysyasha	1000
tyma	10000
legion	100000
lyeond	1000000
vran	10000000
koloda	100000000

　　马格尼茨基的数表大大扩展了古人的大数上限，但是他又认为没必要过度扩展这个系统。他还在表后附了一首打油诗：

> 足以数遍万物。
> 靠着这些数目，
> 也是毫无目的，点点夜空群星。
> 我们不能确定，要是有人愿意，
> 唯有神仙知晓。已是智慧极限。
> 究竟在哪终了，表格固然一流，
> 头脑难以穷尽，写入表中各处。
> 数字无边无际，寻找更多大数，

　　作者靠这首诗无非想说明一点：既然连人类的智慧都无法接受无穷大的数字，就别想为超出该表的数字另立名目了，因为那已经是"人类智慧的极限"。表中的数字（从1到尧它）足以计算世间的一切事物，对那些"愿意数数夜空群星"的人也是完全够用了。

　　有意思的是，马格尼茨基的说法其实很有先见之明，因为即使是在近几年的科学研究中，尧它以上的计数单位也毫无用武之地。按照天文学家的最新估计，最遥远的星团离地球大约有数千光年，以千米计的话，就是几艾克萨千米，这大概是最强大的天文望远镜所能观测到的宇宙极限范围了。而散布在"夜空深处"的其他星星到地球的距离当然就更短了。这些星星的总数"仅仅有"数百个百万（数亿），其中最古老的星星顶多也就有10亿年的历史，星星的总质量大约有数千尧它吨。

再来看看微观世界，这里也暂时用不到比尧它大的数字。现实中能数出的最大数目大概就是1立方米气体中的分子数了，约为数10个艾克萨。在各种电磁辐射波中，宇宙射线[1]算是振动频率最高的了，但它每秒也只能振动40艾克萨次。假设一滴水的体积是1立方毫米，要数数海洋里究竟有几滴水，那也轮不到更大的数字出场，因为结果不过几千尧它罢了。

只有一种情况要用到比"尧它"还大的数字，那就是计算太阳系中所有物质的总质量并用克表示。结果是一个34位数（2后面添上33个0），也就是2000个*quintillion*[2]。

如果你有兴趣了解*quadrillion*以上的大数名称，请在下表中自行寻找：

名称	1后面的0的个数
quadrillion	24
quintillion	30
sextillion	36
septillion	42
octillion	48
nonillion	54
decallion	60
undecillion	66
dodecillion	72

再大的名称就没有了，不过上述数字已经几乎不会用到了，知道的人恐怕更是没有多少。按照当今的认识，全宇宙的物质质量也只有10个*nonillion*克，可见这些数字究竟大到了何等地步。

---

① 又称赫斯射线，宇宙空间中的一种高能粒子流。——译注
② 即使是国际单位制也没有规定到这么大的数字，以下只能直接采用英文术语。——译注

立方里和立方千米 ///////////////////////////////////////

最后，我们来研究一个十分独特的算术（确切说是地理）"巨无霸"——立方里。这里我们指的是"地理里"，也就是赤道长度的十五分之一，约合7420千米。在立方单位这方面，我们的想象力乏善可陈，还总是大大低估它们的大小，这在处理一些与天文有关的巨大单位时表现得特别明显。但是，既然我们连最大的体积单位立方里的真实大小都搞不清楚，那又怎能准确判断地球或太阳的体积呢？但只要稍微花点时间加以注意，我们就能对立方里的大小做出一个更符合实际的估计。

有位才华横溢的德国科普作家A.伯恩斯坦，他在半个多世纪前写了本名叫《幻想的宇宙之旅》的小册子，如今这书已几乎被人遗忘。接下来我们就要从他的著作里引用一大段略经改造的说明：

假设有一条笔直的高速公路，沿着它能将1里（7.5千米）之内的东西一览无余。我们做一根长达1里的桅杆，把它立在公路末端的路标旁，然后抬头望一眼，看看我们的桅杆到底有多高：假设桅杆旁有一座跟它一般高的人像（一座7000多米高的人像），那么它的膝盖大概就有1800米高，把25座埃及金字塔一个接一个地叠放起来，才刚刚够着人像的腰！

想象我们在地面上找两个相距1里的点，在每个点上各竖一根1里长的桅杆，然后用板子把它们连接起来；这样一来，我们会造出一堵长和高均为1里的高墙，它的面积就是1平方里。

顺便提一句，要是现实中真有一堵这样的墙，就比如说在列宁格勒的涅瓦河畔吧，该地的气候条件将会发生不可思议的变化：当城市北边依然严冬肆虐，南边却已是初夏时分；到了3月，高墙的一侧可以划船，另一侧还能滑雪橇和溜冰……不过这已经是题外话了。

我们已经有了一堵巍然矗立的木头高墙，再想象有四堵同样的墙围在一起，做成一个箱子的形状，顶上加一个长宽均为1里的盖子，这箱子的体积就是1立方里。如今再研究一下箱子的大小，看看里面究竟能塞进多少东西。

首先我们打开箱盖，把列宁格勒的所有建筑扔进去，结果只占去微乎其微的一点空间。然后我们出发去莫斯科，把沿途的所有省城县城一股脑儿丢进箱子；即便如此，这些城市也只能盖住箱底。看来还得找些别的东西来装满箱子，于是我们来到巴黎，把整座城市连同凯旋门、纪念柱、铁塔之类的全都扔进箱子，结果有如石沉大海，几乎看不出有什么增加。再加上伦敦、维也纳和柏林吧，可还是不足以填补箱子中的空间。于是我们开始不加选择地往里面丢东西了：不论城市、要塞、古堡、乡村、各种建筑物，我们都来者不拒；然而这还嫌太少。我们把全欧洲的人工制品全扔进去，结果还填不满箱子的四分之一。再加上埃及的全部金字塔、各大洲的一切古迹，全世界的所有汽车和工厂——总之，就是亚洲、非洲、美洲和大洋洲的一切由人工造出来的物件，结果如何呢？还不到一半。我们把箱子摇一摇，好让里边的东西放平一些，然后继续试试是否能用人把它填满。

我们找来世界上的所有稻草和棉布，在箱子里铺上一层软垫，好让参加实验的人进入箱子时不至摔伤。先让德国的5000万人口躺在第一层上，上面加上一层软垫，再叫5000万人躺在第二层上，接下来如法炮制，直到欧洲、亚洲、非洲、美洲、大洋洲等地的全部人口都躺进箱子。这些人加起来不会超过35层，假设每层厚1米，合计也就35米罢了。可见，得有当今全球人口50倍之多的人，才能把箱子的剩下一半填满……

怎么办呢？我们想到了动物界。假设先往箱子里投进全世界的马、牛、驴、骡、羊和骆驼，然后再往上面堆放鸟、鱼、蛇等一切飞行和爬行的生物，可除非再加些岩石和沙子，否则我们还是没法把箱子填满。

这就是立方里的大小，而地球的大小竟相当于6.6亿个这样的箱子！既然连立方里都显得如此可畏了，我们就不能不对地球产生更大的敬仰之情。

这样一来，读者已经多少能感受到立方里（约等于350立方千米）那不可思议的大小了，我们不妨再补充一点：1立方里的小麦"仅仅"有几艾克萨粒而已。

立方千米的体积也是相当惊人的。例如，一个1立方千米大的箱子可以容下50000亿根密集堆放的火柴，而要造出这么多根火柴，就得让一座每昼夜生产100万根火柴的工厂不停地运作1400万年；运输这些火柴要动用1000万节车厢，即一辆长达10万千米的列车，能够绕地球赤道两周半。即便如此，1立方千米至多也只能容下1艾克萨的水滴（设一滴水的体积为1立方毫米），却只有尧它的一百万分之一。

时间中的"巨无霸"

与庞大的距离或体积相比，漫长的时间往往更让我们感觉难以琢磨，而地质学家却指出，地球自从最古老的地层形成以来已经度过了数亿年的光阴。既然如此，要怎么才能感受到地质时期那难以估量的长度呢？有位德国作家[①]提供了如下方法：

我们把地球的整个历史想象成一条长达500千米的笔直线段，用这个距离表示地球从寒武纪（地层历史中最古老的时期之一）至今所度过的5亿年岁月。如此一来，1000米表示100万年，所以线段最后的500到1000米

① 参见陆宰《地球古史》。——原注

就表示冰河时期的长度，而6000年的世界历史则可以缩短为6米的距离，不过一个房间的宽度；一个人70年的一生相当于一条7厘米长的线段。蜗牛的正常爬行速度是每秒3.1毫米，它爬完整条线段需要整整5年时间，而爬过从"一战"到今天的距离却只要3秒钟……由此可见，若在地球史时间的维度中进行观察，人类所能想象的那一点点时间是多么微不足道，我们自命为"世界史"的人类历史是多么渺小可笑，人的一生又是多么短暂易逝啊！

10

第十章

数字王国的"小不点儿"

脑筋急转弯的答案

能整除一切数的数就是——
                    所有数的乘积

从"巨无霸"到"小不点儿"

在《格列佛游记》[①]中，漫游世界的格列佛离开小人国后又不知不觉地来到了大人国。我们的算术之旅却正好与之反向而行：我们先认识了数字王国的"巨无霸"，然后来到"小不点数"的世界。不妨先做个比较：之前提到过的大数比1大多少倍，1就比这些"小不点数"大多少倍。

要找到几个有代表性的"小不点数"简直不费吹灰之力，因为只要写出百万、十亿、万亿等大数的倒数就行了，也就是用1除以上述的数字，结果如下：

$$\frac{1}{1,000,000}, \quad \frac{1}{1,000,000,000}, \quad \frac{1}{1,000,000,000,000}$$

这些分数都是典型的"小不点数"。它们同1相比，正如1同百万、十亿、万亿等"巨无霸数"相比一样。

可见，每个"巨无霸数"都对应一个"小不点数"，因此后者的数量并不比前者少。人们也设计了一套简便的方法来表示这些"小不点数"。之前我们提到过，天文学、物理学等科学文献中的大数往往表示成如下形式：

$$1000000 \quad \cdots\cdots\cdots\cdots\cdots\cdots\cdots \quad 10^6$$
$$10000000 \quad \cdots\cdots\cdots\cdots\cdots\cdots\cdots \quad 10^7$$
$$400000000 \quad \cdots\cdots\cdots\cdots\cdots\cdots\cdots \quad 4 \times 10^8$$
$$6个 quadrillion \quad \cdots\cdots\cdots\cdots\cdots\cdots\cdots \quad 6 \times 10^{24}$$
等等

同理，"小不点数"也可以用类似的方法表示：

$$\frac{1}{1,000,000} \quad \cdots\cdots\cdots\cdots\cdots\cdots\cdots\cdots\cdots\cdots \quad 10^{-6}$$

[①] 英国作家乔纳森·斯威夫特（1667~1745）的代表作，通过描写主人公格列佛漫游小人国、大人国、飞岛国、慧马国等幻想国度的神奇经历，讽刺了英国当时的社会现实。值得一提的是，本章中多次出现的"小不点儿"（lilliput）一词即来自该书中小人国的名称"利立浦特"。——译注

$$\frac{1}{1,000,000,000} \cdots\cdots\cdots\cdots\cdots\cdots\cdots\cdots\cdots\cdots\cdots\cdots\cdots 10^{-8}$$

$$\frac{3}{1,000,000,000,000} \cdots\cdots\cdots\cdots\cdots\cdots\cdots\cdots\cdots\cdots 3 \times 10^{-9}$$

等等

不过，现实中我们真的会用到这些分数吗？要到什么时候才会跟它们打交道呢？

接下来我们就要对这个有趣的问题进行详细讨论。

时间中的"小不点儿" //

在一般人看来，"秒"已经是一个极小的时间单位了，再把它分成更小的部分岂不是毫无用处？要写下"秒"这个单位并非难事，但它也只能停留在纸上了，毕竟这么短的时间内是什么事情都发生不了的。

许多人是这样想的，但他们都错了：在千分之一秒内其实可以发生各种各样的现象。一辆时速36千米的火车每秒能行驶10米，在千分之一秒内可以行驶1厘米；声音在千分之一秒内能在空气中传播33厘米；刚出膛的子弹的速度是每秒700~800米，在千分之一秒内能飞过70厘米；地球绕太阳公转，在千分之一秒内能移动30米；一根发出高音的琴弦能在千分之一秒内完成2～4次完整的振动；连蚊子都能在这点时间内把翅膀上下拍动1次；闪电持续的时间甚至远远不到秒，这种可怕的自然现象突然产生又迅速消失，而它的长度却可以有好几千米长。

不过你可能还要辩驳，千分之一秒还算不上真正的"小不点儿"哩，毕竟1000也算不上真正的"巨无霸"。要是拿百万分之一秒当例子，那就可以断言这个单位是不实用的，在这么短的时间内什么都发生不了。可是你又错啦：在现代物理学研究中，连百万分之一秒也算不上多小的一个单位。研究光电现象的学者就必须经常用到远小于秒的时间单位。首先要告诉读者一点：真空中的光速是每秒300000千米，因此光百万分之一秒内能够通过300米的距离，约等于声音每秒在空气中传播的距离。

光是一种波动，它的振动频率（每秒通过空间中某个定点的光波数量）能以百万亿计。作用于人眼使人产生红色色觉的光波的振动频率是每秒400万亿次；换句话说，在秒内就有400000000条光波进入我们的眼睛，即每条光波进入眼睛的时间是秒。这算得上是真正的"小不点数"了吧！

物理学家在研究伦琴射线[①]时，还会遇到一些从秒分出来的更小的时间单位，同这些单位相比，连货真价实的"小不点儿"——百万分之一秒也称得上是真正的"巨无霸"。伦琴射线具有一种神奇的性质：它能够穿透许多不透明的物体。同可见光一样，这种射线也是一种波动，但它的振动频率就比前者高得多了：每秒25000万亿次！伦琴波的交替速度是红色光波的60倍，而伽马射线[②]以及不久前刚发现的宇宙射线的频率还要更高。由此可见，即使在小不点儿的世界中也有巨人和侏儒之分。格列佛只不过比小人儿们高十来倍，尚且被他们当作巨人，而这个世界里的某些"小不点儿"要比其他的"小不点儿"大几十倍，从这个角度看，前者完全有理由被称作庞然大物。

空间中的"小不点儿"

我们现在来研究另一个有趣的问题：现代自然科学家要测量的最小长度是什么呢？

在米制系统中，供日常使用的最小长度单位是毫米，1毫米大约是火柴棍粗细的一半。要测量那些裸眼可见的细小物体，这么小的单位已经完全够用了；但是，如果要测量显微镜下才能看到的极小物体（比如细菌），毫米这个单位就显得太大了。我们的血液中有一种叫红细胞的细胞，长约7微米，宽约2微米，每滴血里可以有数千万个这样的细胞，1000个红细胞合起来才有火柴棍那么粗。

尽管我们觉得微米已经够小了，但对现代物理的某些测量对象来说，这个单位未免还是大了点。自然界中所有物体都是由一种叫做分子的微粒组成的，它小得用显微镜都看不到，而分子又是由更小的微粒——原子组成的，后者的大小是万分之一到千分之一微米。我们只考虑最大的原子

---

① 又称X射线，一种原子核射线，有很强的穿透力，医学上普遍用来做成像诊断。——译注
② 一种原子核射线，穿透力极强，在工业和医学上都有应用。——译注

（千分之一微米），叫100万个这样的原子密密地排成一条直线，它的长度也只不过1毫米而已。

有一个办法可以直观感受到原子那惊人的微小。请想象一下地球上所有物体都变大到100万倍的情景：埃菲尔铁塔原来高300米，放大后会有300000千米高，塔尖几乎要够着月球了。血液里的小小红细胞的直径会超过7米；一根头发会有100米粗；老鼠和苍蝇分别会有100千米和8千米长。世间万物都变成了不可思议的庞然大物，而组成这些物质的原子该会有多大呢？

答案简直叫人难以置信：变大后的原子看起来就像……印刷这本书时用的一个小点……那么大！

那么，原子是否就是"空间小不点"的极限了呢？就算是拥有各种精密测量仪器的现代物理，也没必要继续深入探索了吧？直到不久前人们还是这样想的，但如今已经探明，原子本身也是一个小小的万千世界，它同样是由其他小得多的粒子组成的，这座舞台上还活跃着许多强大的力量。举个例子，氢原子是由一个位于中心的"原子核"以及一个绕着它飞速旋转的"电子"组成的。我们不讨论其他细节，只谈谈这两个组成部分的大小：电子的直径要以毫米的十亿分之一计，原子核的直径以毫米的万亿分之一计。换句话说，电子的直径大约是原子的一百万分之一，原子核的直径大约是原子的十亿分之一。如果做个比较，那么电子同灰尘相比就像灰尘同地球相比一样！

如你所见，原子固然是"小不点儿"中的"小不点儿"，但与电子比起来就是个"巨无霸"了，犹如整个太阳系与地球相比一样。

我们可以据此画出一个极具启发意义的阶梯图，其中每一级同前一级相比都是个"巨无霸"，同后一级相比却只是个"小不点儿"：

电子

　原子

　　灰尘

　　　地球

　　　　太阳系

　　　　　从地球到北极星的距离

每一级都比前一级大25万倍[1]，比后一级小25万倍。这个阶梯图有力地证明了"大"和"小"这两个概念其实是相对存在的。自然界中并没有绝对的"巨无霸"和绝对的"小不点儿"，一个物体究竟该被称作"极大"还是"极小"，取决于我们用什么方式看待它，把它同什么东西进行比较。最后，让我们用一位英国物理学家[2]的话来结束本节：

"时间和空间完全是两个相对的概念。假如今天半夜里世间万物（包括我们自己和各种测量仪器）都缩小到了原来的一千分之一，我们必定会对此浑然不觉，因为已经没有任何迹象能够表明这次变化了。同理，假如所有的事件和钟表都以同样的倍率变快了若干倍，我们也同样不会疑心发生过什么变化。"

"超级巨无霸"和"超级小不点儿" ///////////

前面已经讨论过了数字王国中的"巨无霸"和"小不点儿"，但这个研究还说不上完满，因为我们还没能向读者介绍其中一个极不寻常的成员；说实话，这个数并不是新近才发现的，但它抵得上好几十个新发现的价值。为了进一步了解这个奇特的数字，我们首先来解答一道看似简单的题目：

习题 56

如不借助运算符号，用3个数字能组成的最大数是什么？

解

乍一看叫人忍不住想这样回答：999。但你可能会怀疑答案并非如此，不然这题岂不是太简单了么。没错，正确答案应该是：

---

[1] 这里指的是长度而不是体积的大小，例如原子的半径、太阳系的直径、房子的高度或长度，等等。——原注
[2] 参见福尼尔·达布《两个新世界》（已有俄译本）。——原注

$$9^{9^9}$$

这个表达式的意思是：9的（9的9次方）次方[1]。换句话说，下面的式子的计算结果是多少，就让多少个9相乘：

$$9\times9\times9\times9\times9\times9\times9\times9\times9$$

你耐心地算完了9^9，得数是387420489。

主要任务才刚刚开始呢。现在要算的是：

$$9^{387420489}$$

也就是把387420489个9相乘，总共得做近4亿次运算……

你当然不会有空把这些运算都做完。遗憾的是，我也没有现成的答案可告诉你，而且是出于三条不怎么正当的理由：首先，还从来没有人算过这个数呢（只有些近似的估算）。其次，就算真有人算出了结果，要把它写下来也得用上好几千本书的篇幅，因为这个数共有369693100位，用普通的字体写就会有1000千米之长……最后，哪怕真有了足够的纸和墨水，我也没法满足你的好奇心。理由不难想见：假设我每秒写2个数字，这样一直不停地写下去，每小时能写7200个，每昼夜（不休息）至多172800个。由此可见，我就算成天笔不离手、不吃不喝不休息地工作，也得用7年多才能把整个数写下来……

我只能告诉你这个数的两个特征：它的开头是428124773175747048036987118，结尾是89；中间的情况就不得而知了，毕竟那里还有369693061个数字呀！……

如你所见，计算结果的位数已经大得根本没法表达了，何况用这一长串数字组成的得数本身呢？它的大小连估计一下都很难，因为就算把整个宇宙中的物体全加起来，甚至把每个电子都计算在内，它们的总和也抵不上这个数字的大小！

阿基米德[2]曾经做过一个计算：要是全宇宙的恒星都充满了细小的沙

---

① 注意多重幂的运算规则：从高级往低级逐级运算。换言之，这个式子不能理解成对9^9求9次幂，而只能是对9求9^9次幂。——译注

② 阿基米德（前287-前212）：古希腊数学家、物理学家，静态力学和流体静力学的奠基人。——译注

了，这些沙砾该有多少颗？他算出的结果也不过是1后面跟着63个0罢了。而我们的数字是由3.7亿个数字组成的，远远不止64位，它自然比阿基米德的数字要大得多。

我们可以仿照阿基米德做个计算，但不是"数沙子"而是"数电子"。众所周知，电子和沙砾相比就如同沙砾和地球相比一样。可见宇宙的半径大概是10亿（10^9）光年[1]。光的速度是每秒300000千米，因此1光年约等于10万亿（10^{13}）千米。由此可知，我们所知的宇宙半径是10亿乘以10万亿，也就是$10^9 \times 10^{13} = 10^{22}$千米。

一个半径10^{22}千米的球体体积可以用几何方法求得，取整后约为4×10^{66}立方千米。再用这个数乘以立方千米与立方厘米之间的换算比例（10^{15}），就能算出可见宇宙的大小是10^{81}立方厘米。

现在可以开始想象了。已知原子中质量最大的是铀原子[2]，每克铀中大约有10^{22}个原子；假设整个可见宇宙都充满了铀原子，不留一点缝隙，那么这些原子大约有10^{103}个。每个铀原子里有92个电子，取整算作100，于是可以得出结论：可见宇宙至多能容下10^{105}个电子。

结果"仅仅"有106位罢了……同我们3.69亿位的"巨无霸数"比起来，它显得多么微不足道啊！

在我们的观念中，没有什么比宇宙更大的了，也没有什么比电子更小的了；但即使用这最小的电子充满最大的宇宙，也根本够不到"巨无霸数"的冰山一角。可是后者却能表示成一个毫不起眼的形式：

$$9^{9^9}$$

认识了这个乔装打扮的巨人之后，我们再来看看它的对立一面。只要用1除以"巨无霸数"，我们就能得到相应的"小不点数"：

$$9^{-9^9}$$

---

[1] 这个数据如今已经过时了。——译注
[2] 根据元素周期律，原子的质量和原子中的电子数都随元素序数的递增而递增，因此要使某确定空间中的电子数尽可能大，就要往其中塞入质量尽可能大的原子。在本书写成的1926年，元素周期表上序数最大即质量最大的元素是92号铀。当然，如今这个说法已经不成立了。——译注

即：

$$9^{-387420489} \quad \text{或} \quad \frac{1}{9^{387420489}}$$

我们熟悉的"巨无霸数"充当了分母，于是"超级巨无霸"就变成"超级小不点儿"啦。

11

Chapter

第十一章

算术之旅

环球旅行

　　我年轻时曾在列宁格勒一家流行杂志的编辑部当过秘书。有一天，我收到一位来访者的名片，上面印着一个陌生的名字和一个非同寻常的职业："俄罗斯首位徒步环球旅行家。"出于工作需要，我经常同游历世界各地乃至做环球旅行的旅行家谈话，可"徒步环球旅行家"却是闻所未闻。于是我急忙来到接待室，满怀好奇地想认识一下这位不知疲倦、积极进取的人物。

　　这位杰出的旅行家年纪轻轻，貌不惊人。当我问起什么时候完成环球旅行时，"俄罗斯首位环球某某"告诉我旅行还在进行当中。路线呢？从舒瓦洛沃[1]到列宁格勒，之后的行程打算同我商量商量……我从谈话中得知，"俄罗斯首位某某"制定的计划相当模糊，但至少能看出他根本没考虑过离开俄罗斯后的情况。

　　"既然如此，您打算怎么完成全球旅行呢？"我惊奇地问。

　　"重要的是得走过相当于地球周长的距离，这就算在俄罗斯也能做到，"他解开了我的疑惑，"我已经走了10俄里[2]，还剩下……"

　　"37490俄里。祝您一路顺风！"

　　"首位某某"是如何走过接下来的旅途的，我已经不得而知了，但有一点我却毫不怀疑：他已经顺利完成了自己的计划。就算自那之后他完全放弃了旅行，直接回到故乡舒瓦洛沃，余生中再也不离开故乡一步，他也已经走过了40000千米以上的距离。不幸的是，他并不是首位完成这项功业的旅行家，更不是唯一的一位。按照这位"徒步旅行家"的理解，包括你我在内的绝大部分公民都有权给自己冠以"徒步环球旅行者"的名号，这是因为一个人不论有多"宅"，他一生中步行的距离都要超过地球的周长。用一个小小的计算就能证实这一点。

　　事实的确如此。通常来说，一个人每天都有5个小时以上是站着度过的，他在房间里、院子里和大街上走来走去——一句话，他总不能不走动

---

① 舒瓦洛沃是一个距列宁格勒10千米的小站。——原注
② 俄国长度单位，1俄里＝1.0668千米。——译注

吧。要是他有一部计步器（计算走过的步子数量的机器），就能算出自己每天走过的步子不会少于30000步，其实不用计步器也能看出这个距离是非常可观的。人每小时至少能步行4～5千米，每天5小时就是20～25千米。把这个数字乘以360，我们就能算出一年中走过的距离了：

$$20 \times 360 = 7200, \quad 25 \times 360 = 9000$$

这样看来，就算有个从不离开故乡的宅男，他每年也要走过8000千米左右的距离。地球的周长大约是40000千米，不难算出完成一次徒步环球旅行的所需年数：

$$40000 \div 8000 = 5$$

也就是说，一个人在5年之内就可以走过相当于地球周长的距离。假设人从2岁开始学走路，那么每个13岁的男孩子都已经完成了两次"环球旅行"；每个25岁的人都至少完成了4次"环球旅行"；要是人能活到60岁，就能完成10次以上的"环球旅行"，这些旅行的总距离比地球和月亮之间的距离（380000千米）还要大呢。

我们每天都要在室内外走来走去，但就是如此平淡无奇的日常现象，经过一番计算也能得到一个出人意料的结果。

攀登勃朗峰[1] //

习题 ❺❼

这里还有一个有趣的计算。要是你问整天奔波送信的邮递员或忙着探视病人的医生："您攀登过勃朗峰吗？"他们一定会感到十分诧异。其实你很容易就向这些人证明，他们尽管都不是什么登山健将，但很可能已经完成了攀登阿尔卑斯最高峰的伟业，甚至爬得比这座险峰还要高。只要算算邮递员送信时或医生探视病人时爬过多少级台阶就行了。原来，哪怕是最不起眼的邮递员和最忙碌的医生，这些压根没打算参加体育比赛的人也曾屡次打破登山的世界纪录。请计算吧。

---

[1] 阿尔卑斯山的最高峰，位于法国和意大利交界处，海拔约4810米。——译注

解

我们可以取一个比较小的平均值：假设邮递员每天只给10人送信，其中有人住在二楼，有人三楼，有人四楼，有人五楼……就算平均是三楼好了。三层楼的高度取个整数，算是10米。可见，邮递员每天爬楼梯所经过的高度是$10 \times 10 = 100$米。勃朗峰的海拔是4800米。用4800除以100就能算出，这位平凡的邮递员只需48天就能攀上勃朗峰……

总之，邮递员每48天就能沿着楼梯爬过相当于欧洲最高峰的高度，也就是每年8次登顶。试问有哪个登山运动员能做到这一点呢？

接下来谈谈医生。在这个计算中，我给出的数据可是有真凭实据的，绝非凭空猜测。列宁格勒的出诊医生曾做过一个估算，他们平均每人每个工作日要爬2500级台阶。设每级台阶平均高15厘米，每年有300个工作日，则医生每年要爬上112千米的高度，相当于登上勃朗峰20次！

能在不知不觉中完成这种伟业的当然并不只有邮递员和医生。就拿我做例子吧，我住在二楼，通向我家的楼梯共有20级。看上去很少是吧？可我每天要沿着楼梯上下5次，而且还要拜访两名住在同一高度的熟人；平均来说，我每天都要沿这个20级的楼梯爬7次，总共是140级台阶。一年之内是多少呢？

$$140 \times 360 = 50400$$

这样一算，每年我要爬50000多级台阶，要是有幸活到60岁，我就能登上一座高达300万级（450千米）的神奇天梯！假如小时候有人把我带到这座天梯底下，并指着它那通往九霄云外的终点说，将来我总有一天能爬到它的顶端，我该会有多么惊讶啊……此外，有些人出于工作需要而经常登高（例如电梯操作员），他们又会爬到多么惊人的高度呢？有人估算过，纽约某摩天大楼的电梯操作员在15年的职业生涯中爬过的高度足以够到月球！

旅行的庄稼汉

习题 ❺❽

看看这幅古怪的图画，画上有几名力大无穷的庄稼汉正绕着地球犁地。这些神奇的庄稼汉究竟是何许人呢？

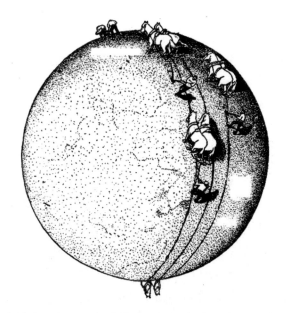

你大概会认为这幅画只是画家天马行空的产物吧？根本就不是这么回事。画家只不过是把我们计算出的可靠结果用图画直观表现出来罢了。一名庄稼汉只要扶着犁耕上4～6年地，他就能走过相当于地球周长的距离。这个结果相当出人意料，请读者自行完成相应的计算吧。

悄无声息的洋底之旅 /////////////////////////////

住在地下楼层的居民或地下仓库的员工也能完成一些十分惊人的旅行。他们每天都要沿着小小的楼梯往地下室跑许多趟，几个月内合计能往下爬好几千米的距离。这样一来，我们不难算出一名地下仓库员工爬过相当于大洋深度的距离所用的时间。假设楼梯的长度仅仅有2米，这个男孩子每天也只爬10次楼梯，那么他每个月能往下爬 $30 \times 20 = 600$ 米，每年合计 $600 \times 12 = 7200$ 米，也就是7千米还不止。要知道，通往地心的最深的矿井也仅仅深2千米而已！

假如有一座楼梯从大洋的表面直通到洋底，那么每名地下仓库员工都能在一年左右的时间里到洋底走一趟（太平洋最深处大约是9千米深）。

原地不动的旅行家 /////////////////////////////

习题 59

我想把本书的最后几页献给它最初的读者，多亏了他们的帮助本书才得以问世。没错，我指的正是排版工人。尽管这些人一直在排版车间里工作，寸步不离地守在排字盘跟前，他们也同样完成了路途遥远的算术旅行。这些"铅字战士"的巧手每分每秒都在排字盘和书版之间来回穿梭，一年下来也能经过一段相当可观的距离。现有以下数据：一名排版工人每个工作日能排8000个字母，每排一个字母手指得来回移动平均0.5米的距离，一年有300个工作日。请计算他的手指移过的距离。

解

$2 \times 0.5 \times 8000 \times 300 = 2400000$ 米 $= 2400$ 千米。可见，就算是那些在工作中从不离开排字盘一步的排版工人，在16～17年的工作生涯中也能完成一次环球旅行，真不愧是"原地不动的环球旅行家！"这个名字听起来可比"徒步环球旅行家"新奇多啦。

    按照这种理解，我们每个人都以某种方式进行了环球旅行，没做过环球旅行的人是根本不存在的。甚至可以说，真正引人注目的并不是做了环球旅行的人，而是没有完成环球旅行的人。如今要是还有人打算叫你相信他并没有做环球旅行，希望你能用"数学方法"向此人证明，他同样毫无例外地遵循了算术的普遍规律。

Chapter

12

第十二章

迷宫

沿着花园的小径

图12-1

　　这幅标题图片是一个花园示意图，上面画着高高的灌木篱笆和盘桓其间的小径。白色的条纹表示小径，黑色的线条表示篱笆。设想一下，你站在花园中央的草坪上，想探出一条通向出口的道路。你会选择哪条路呢？你可以磨尖一支火柴，把它的尖端插到图上的草坪上，然后尝试沿着花园小径把它引到迷宫外。在找到出口之前，你肯定会在角落和死路中屡屡碰壁。可是，假如你真的来到了这样的花园中，那又该发生怎样的情况呢？你的选择会变得加倍困难，因为你现在还能从图上看见所有的花园小径，而到那时就没法全都看见啦。

　　这类纠缠交错的通路被称为"迷宫"。本章标题的示意图是一座位于英国汉普顿镇①的迷宫，经常有好奇的人前去参观。英国作家杰罗姆在幽默小说《三怪客泛舟记》②中讲述了在这座迷宫中迷路的情形③：

　　哈里斯讲述了他参观汉普顿迷宫的经历。他在家里预先研究过迷宫设计图，觉得这迷宫的构造简单得有点愚蠢，甚至都不值得花钱去参观。

---

① 伦敦西南部行政区。——译注
② 杰罗姆·克拉普卡·杰罗姆（1859~1927），英国幽默作家、剧作家，代表作《三怪客泛舟记》（或译《三人同舟》，1889）。——译注
③ 俄作者对原文做了不少改动，故以下做了重新翻译，部分段落参考：（英）杰罗姆（著），劳陇（译）：《三怪客泛舟记》（北京：中国青年出版社，1988），P68~70。——译注

"我们只消十分钟就能游完整个迷宫。"哈里斯对同路人说。

他们在迷宫里碰到了一大群人，他们里面已经转了近一小时，还是找不到路，真够呛。哈里斯建议他们跟着他一块走，说他刚要进去，转一圈就出来。众人都欢欣鼓舞，就一个个跟在他后面走。

他们这一伙一路又带上了不少人，后来迷宫内所有的游客都吸引到哈里斯身边来了。那些人原来陷在迷宫之中，进出不得，走投无路，只怕今生今世再也见不到亲朋好友了。他们一看到哈里斯就重又鼓起勇气来，紧紧地跟在队伍后面，都为哈里斯祈祷祝福。跟在他身后的有二十人；有一个妇人抱着个孩子，说她在迷宫里已经转了一个上午。她紧紧揪住哈里斯的胳膊不放，怕不慎失去了这个大救星。

哈里斯每逢岔口就向右转，可是道路越走越长，漫无尽头。他的熟人说，看来这迷宫实在大得很。

"当然咯！这是全欧洲最大的迷宫嘛！"哈里斯说。

"一点不错，"一个旅客说，"我们至少已经走了两英里①了。"

哈里斯依然精神抖擞，可后来他看到地上丢着一小块蛋糕。哈里斯的朋友赌咒发誓，说他早在七分钟前就看到这个蛋糕了。

"不可能！"哈里斯说。

可那抱孩子的妇女说这完全可能，因为正是她自己七分钟前把这蛋糕弄掉了，当时还没遇见哈里斯呢。她又说，哈里斯显然是个大骗子，早知道没遇到他才好哩。哈里斯气坏了，他拿出地图，试图向人们证明，他们走的是正确的道路。

"这地图倒可能派上用场，"队伍中有人表示，"可我们总得先知道自己在哪吧？"

这一点哈里斯也搞不清楚，于是他提议先回到入口，然后从头开始寻路。大家往反方向走去，十分钟后来到了迷宫的中心。

哈里斯本想说他正是从这儿出发的，可他一看众怒难犯，只好假装成是一场意外，

---

① 英美等国的长度单位，1英里≈1.609公里。——译注

别莱利曼趣味科学作品全集　趣味数学世界

不管如何，总得朝一个方向走呀。如今大伙都知道自己在哪了，于是把地图拿出来重新研究。出路看起来十分好找，于是他们第三次踏上了道路。

三分钟过后，他们又回到了迷宫中心……

众人多次试着寻找出口，结果毫无作用。不管往哪走，最后总是回到迷宫中心。这简直成了一种规律，到后来有人干脆留在原地不走了，等着其他同伴走完一圈后回到那里。哈里斯本想拿出地图，可大家一看他那副嘴脸，就气得简直要发狂。

最后大家完全乱作一团，只好高声呼叫管理员。管理员来了，他爬上外边的梯子，向人群叫喊，告诉他们该往哪走。

可是人们这时已经完全糊涂了，什么都听不明白。于是管理员叫他们站在原地，等他下去救援。大家聚在一起等着，只见管理员爬下梯子向他们走去。

这管理员年纪尚轻，经验不足；他在迷宫里走来走去，想来到众人跟前，可连个人影都找不到；后来他自己也迷失了方向。大家不时看见他在篱笆对面来回奔走，他也看见了他们，向他们那边跑去；可才过了一分钟，他又出现在原来的地方，又问他们究竟藏在那里。

只好继续等待，直到最后才有一名老管理员把众人救了出来。

单手定则

要想不在迷宫中迷路，其实有一个非常简单的方法，它可以帮你走出一切迷宫。不论迷宫的道路有多复杂，只要用了这条定则，就总能找到返回出口的道路。这条迷宫安全游定则就是：

在迷宫中行走时，要始终用同一只手摸着墙走。

换句话说，当你走进迷宫时，你应该用一只手（左右手都无所谓）摸迷宫的墙，然后在游迷宫期间，始终确保用同一只手摸着墙走。

你可以参考示意图，尝试用"单手定则"在脑海中游览汉普顿迷宫，检验一下这个方法是否可靠。你拿着火柴，想象自己走进这座花园迷宫，一直用单手摸着墙走。你很快就会从入口到达迷宫中心。可别急着把手放下哦，继续摸着墙往前走吧，你一定能正确无误地避开所有死胡同，重新回到迷宫的出口处。

这条方便的定则是怎么来的呢？让我们试着把它搞明白吧。设想一下，假如你被蒙上眼睛领进一个房间，里面只有一个入口（图12-2）。你要如何走遍整个房间，然后重新从入口离开呢？最简单的方法就是双手一直摸着墙走了（图12-3）。按这种办法，你一定能重新回到你进去的门口。在这个例子中，"单手定则"无疑是非常明智的法子，清楚易懂，不证自明。再设想一下：假如房间的墙壁上有一些突起（见图12-4、12-5），那么它就不是简单的房间了，而是一座真正的迷宫。但是，"单手定则"即便在这类情况下也能发挥作用，可以靠谱地将你领回房间的出口。

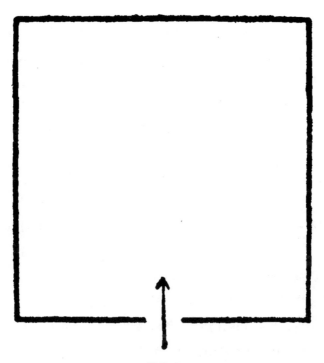

图12-2

图12-3

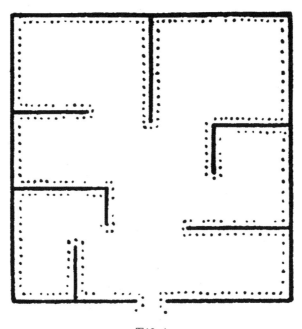

图12-4

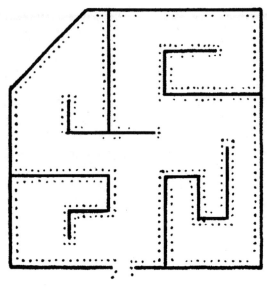

图12-5

"单手定则"也有某些不便之处。你可以靠这个法子从任何一个迷宫自由进出，但这不等于说能毫无遗漏地走遍迷宫的所有角落。只有那些墙壁与迷宫外墙相连的地方，也就是说墙壁仿佛是从迷宫外墙延伸出来的地方，你才能走到。而你会漏过那些墙壁并不与迷宫外墙相连的地方。汉普顿迷宫中恰好就有这样的部分，因此，如果使用了"单手定则"，你就会错过一条小路，无法将花园小径尽数走遍。在图12-6中，虚线表示按"右手定则"沿着灌木篱笆走出迷宫的路径，星号表示那条没有走过的小路。

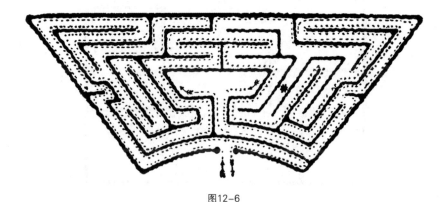

图12-6

古代的迷宫 //

如今，我们建迷宫是为了消遣。我们把公园中的一小块地划为迷宫，游客们可以在高高的灌木篱笆之间穿行，沿着曲折繁复的小径漫步。

然而，古时候人们建迷宫根本就不是为了消遣。古代的迷宫不是建在露天场地，而是在其他建筑内部甚至是地下。曾几何时，迷宫被用作一种死刑方式：被关在里面的人只能无望地沿着漫无尽头的走廊、过道和大厅四处徘徊，最终饥饿劳累而死。根据传说，最古老的迷宫位于地中海的克里特岛①：这迷宫的过道复杂到了极点，若传说所言不虚，就连它的设计师都找不到出路。可克里特岛上是否真有过这样一座特意修建的迷宫呢？这就不得而知了。克里特的地下岩洞中有一些自然迷宫，采石场里也有一些复杂的通道，这或许就成了迷宫传说的来源。

但遥远的古代无疑有过一些专门修建的迷宫，它们被用作保护墓葬的手段。富有的统治者的墓葬周围修建着复杂的通道网，使得盗贼无法到达其中。墓葬位于迷宫中心，就算盗墓贼能成功挖到藏在那里的宝贝，他也找不到返回的道路了。"单手定则"也帮不了盗墓贼的忙；首先，古代人还不知道有这条定则；其次，靠"单手定则"并不总能走遍迷宫的全部通道。很容易就能设计出这样的迷宫，叫按"单手定则"闯迷宫的人恰好漏过那个藏着宝贝的地方。

在俄国极北之地的阿尔汉格尔斯克省②、白海③沿岸地方、白海诸岛甚至是拉普兰④，都能找到一些修建年代极为久远的迷宫废墟。这些迷宫建得相当粗糙，不过是用大石头堆砌而成罢了。是谁出于何种目的建了这些迷宫，如今尚不知晓。当地居民把它们称作"巴比伦迷宫"，但怎么都说不出它们的来历和用途。不过这也不奇怪："巴比伦迷宫"的修建时间至少在三千年以前，因此在民众的记忆中并未留下任何关于其建造者和建造目的的传说。

---

① 希腊南部大岛，有最古老的欧洲文明。——译注
② 旧俄北方行政区，现为阿尔汉格尔斯克州。——译注
③ 俄国北部内海，系北冰洋的延伸部分。——译注
④ 芬兰北部行政区。——译注

图12-7是白海的索洛维茨岛上的迷宫示意图。它形如马掌，内部通道合计约有两百米长。

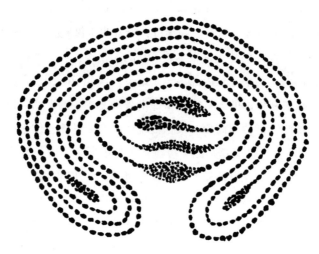

图12-7

图12-8是另一种迷宫——圆形迷宫；它位于阿尔汉格尔斯克省波科依村附近。不妨将其同英国古老的花园迷宫（图12-9）做个比较，就会发现二者像得惊人！这英国迷宫的年代可比阿尔汉格尔斯克迷宫晚多了，但它的建造者自然从未去过波科依村呀。

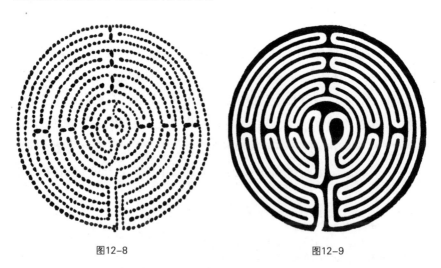

图12-8   图12-9

显而易见，在欧洲各地，这类建筑都是按同一个古代的模子造出来的。

别莱利曼趣味科学作品全集　趣味数学世界

迷宫难题 ///

迷宫的命运是多么奇怪呀！古时候的迷宫都有着重要的目的，尽管这些目的往往不为我们所知。在遥远的古代，它们守护藏在坟墓中的宝贝；在黑暗的中世纪，它们被用来执行死刑。可过了几百年，它们却变成了消遣娱乐的对象。

不过，如今的各种游戏在古代几乎都曾是必不可少的重要工作。我们张弓射箭是为了取乐，也就是把射箭当做一项游戏。而对我们的祖先——原始时代的猎人或战士来说，这是一件异常重要、关乎生死的大事。要是谁箭术不过关，他就无法捕获用于果腹的猎物，也无法抵御敌人的侵袭。等火枪发明出来后，弓箭就丧失了其必要性，从而变成文明民族的儿童游戏。如今我们玩捉迷藏，孩子们都觉得这是个有趣的游戏；而在远古时候，灵巧地躲避敌人也是成人的一项必备技能。现今几乎一切儿童游戏，对古代人而言都是很重要的事情。

如今我们建迷宫是为了好玩。我们不仅有花园迷宫（图12-10、12-11、12-12），还有画在纸上玩儿的迷宫图。图12-13和12-14就是这类迷宫难题的范例。它们的构造非常复杂，想从中心走到外边并非易事。

图12-10

图12-11

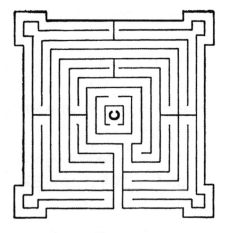

图12-12

图12-13

图12-14

　　迷宫还可以有一些出人意料的用途，图12-15就是一个非常有趣的例子。这个迷宫可以称作"宣传迷宫"，因为它的设计初衷就是用来宣传鼓动。一本英国杂志组织了一场募捐活动，想为穷孩子们修建一个儿童广场。为了让读者关注这件事情，杂志刊登了一幅迷宫图，其入口处画着烟囱密布、乌烟滚滚的工厂区，中央则是一座设施完备的游戏广场。从工厂区到广场的道路又漫长又曲折，直观展现了工人子女想到一个能呼吸清新空气的地方究竟有多困难。

与古代迷宫最像的大概要属英国伦敦的一座迷宫了，它修建在号称"水晶宫"[①]的展览馆里。与公园迷宫不同，这座迷宫安装了屋顶，在里面行走的人看不到头顶的蓝天。迷宫自然是建来吸引游客的。不妨试着按图12-16的示意图在这座迷宫中游览一番，到时你就会体验到游客们在这座伦敦怪奇建筑中的感受啦。当然，只是稍微体会一下而已。

图12-15

图12-16

岩洞迷宫

古代作家认为，要是迷宫的道路非常复杂，身陷其中的人就永远别想走出去了：他只能徒劳地在过道中徘徊，无望地寻找着出口，却总是回到相同的地方。其实这种看法是错的。可以通过数学方法证明：世上不存在没有出路的迷宫。我们已经谈到过"单手定则"，利用它可以勇闯迷宫、找到出口，不用怕在其中迷失路径。然而，要想一个不漏地走遍所有死路和角落，光靠这条规则还不够。得用其他办法才能走遍迷宫。

有时人们得在实践中解决类似的问题。世上有许多引起学者研究兴趣的地下岩洞，其中有的非常广阔，有许多分支和漫长曲折的过道。要想鼓

① 位于英国伦敦海德公园，原为万国博览会展览馆。——译注

起勇气，深入这样的迷宫中一探究竟，就得做好一系列预备工作。

两百年前，法国植物学家杜尔纳弗①打算探访克里特岛上的一座岩洞，并对它做些研究。在当地人看来，这座满是地道的岩洞是一座真正的迷宫，不慎深入其中的人只有死路一条。

但这些可怕的传闻并没有把法国学者吓倒，只是提醒了他要万分谨慎。后来杜尔纳弗谈到这次岩洞探幽：

在网罗般的地道里走了一段时间后，我和同伴们来到了一条又长又宽的地下回廊，它通向迷宫深处一个宽敞的大厅。我们在这地下回廊里走了半小时，约莫有一千五百步，但既没有向右拐也没有向左……回廊两侧有许许多多的通道，若是未经必要准备就贸然闯入，必然迷失于其中；我们自然希望能走出迷宫，因此好好规划了一番，要如何确保找到返回的道路。

首先，我们把一位向导留在岩洞入口处，吩咐他说，万一我们傍晚还没回来，就立刻去邻近村庄找人把我们救出来。其次，我们每人手持一只燃烧的火把。再次，每当遇到一个转角，我们觉得后面可能难以重新找到的，就往右边的岩壁上贴一张标号的纸片。最后，一位向导在道路左边放上预先准备的荆棘，另一位则带着一口袋切碎的稻草，沿路播撒稻草碎屑。

后来，有位法国数学家研究出了一套规则，哪怕是碰上最复杂的迷宫，都能凭这套规则走遍所有通道，一个不漏，并且顺利地出到外面。不过这些规则非常复杂，在此就不赘述了。

迷宫习题 //

刚刚提到的那些复杂规则，只有在非常曲折繁复的真迷宫里迷了路时

---

① 约瑟夫·皮顿·德·杜尔纳弗（1656~1708），法国植物学家，代表作《植物学基础》（1694）。——译注

才会用到。如果你面对的只是个不太复杂的纸上迷宫，那么只要足够机灵，善于随机应变，你就能够找到正确的道路。有的人很快就能找到出路，有的人就不那么快了。根据被试者解决问题的速度，可以判断他的智力水平有多高。

近年来，英国和俄国某些地方开始用这种方法测试学生的机智程度。接下来我们来谈谈列宁格勒的一项类似测试是如何进行的。

图12-17是用来测试学生智力水平的迷宫图。迷宫总共有20座，最初几座并无丝毫难度可言，不过是用作引子罢了。可越往后进行，迷宫就越复杂。

图12-17

测试是这样进行的：每个学生拿到一个画着迷宫的本子，他的任务是用铅笔画出脱离迷宫的最短路径，要求避开一切死路。谁能在四分钟内正确无误地走出全部二十个迷宫，他的智力就是中等程度。谁能够完成得更快，他的智力水平就更高。谁在四分钟后还有迷宫没完成，他的智力就不及平均水平，剩下的迷宫越多，智力水平越低。当然了，在测试过程中要对着表严格计算时间。

借助迷宫图，学校可以对一整个班里的全部学生同时进行测试。学生们每人发一个画着迷宫的本子，但直到发口令前都不能打开。当发出"预备！"口令时，孩子们拿起铅笔，做好准备；当发出"开始！"口令时，他们才打开本子，开始完成任务。老师用手表计算时间。四分钟过去后，他发一个信号，学生们必须在自己的本子上做个记号，标出发信号时自己做到的那个迷宫。然后测试继续进行几分钟，直到所有人把二十个迷宫都完成为止。

自然而然，不是所有人都能在相同的时间内完成这个任务。有些孩子比预定时间拖过了一分钟，有些两分钟，有些三分钟，甚至还有四分钟的（也就是花了八分钟才完成全部迷宫）。超过八分钟测试就不再进行了：可以看出，要是连八分钟都搞不定的话，他就根本没法完成这个任务了。

平均来说，一年级学生在四分钟内能通过约十八个迷宫，二年级能通过十九个左右。年龄很小的孩子（学前儿童）四分钟只能通过十四个迷宫。

让成人做这个测试，他们基本都能在四分钟内解决全部迷宫，有时甚至三分钟就能完成。

动物实验

迷宫最出人意料的用途是动物学家发现的，他们用迷宫来测试动物的智力。这测试不是在纸上做，而是在真正的迷宫里进行（当然是不大的迷宫）。本章开头提到过杰罗姆幽默故事里的汉普顿迷宫，动物学家们经常使用的正是这个迷宫的袖珍版。迷宫建在一个带玻璃顶板的箱子里，人们通过外部通道把饥饿的小鼠或大家鼠引入迷宫里，它们得学会走最短的道路到达预先备好饲料的迷宫中心。实验反复进行多次，动物走的弯路也越来越少，最后学会了如何避开所有死路直抵中心。最快掌握这项本领的是大家鼠；小鼠平均得重复七十次才能学会找到最短路线，大家鼠的学习速度就远远快得多了，由此证明后者比前者灵巧机敏得多。到了今天，北美的实验室还在进行类似的实验，这想必能阐明许多关于动物智力的有趣问题。

*　　　*　　　*

我们的迷宫慢谈到此结束，从中你可以看到它那不同寻常的命运。迷宫原是远古的神秘建筑，其用处对我们来说往往是个谜，后来它渐渐成了消遣娱乐的手段。直到近来，迷宫才出乎意料地重新发挥了严肃的用途：学者把它用作研究人类和动物智力的手段。迷宫的历史命运正如其道路一般回环曲折。

13

Chapter

第十三章

火柴趣题

一盒火柴棍就是一个独具特色的奇趣盒，其中有许多好玩的任务和谜题，有时甚至让人感到有点复杂难解。这样的习题有很多很多，以下就是一个例子。我们先从简单的题目开始吧。

方形四变三 ///

习题 ⓺

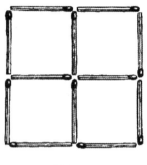

在你面前有一个图形（图13-1a），它由12根火柴组成，里面有四个一模一样的正方形。你的任务是：改变四根火柴的位置，使得新图形里只有三个全等正方形。换句话说，新图形里依然要有12根火柴，但摆放位置不同。移动的火柴必须是四根，一根不多，一根不少。

图13-1a

解答

答案可参见图13-1b，虚线表示火柴的原先位置。

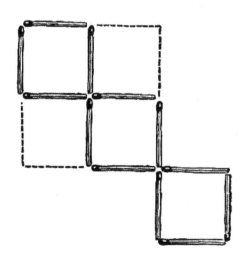

图13-1b

火柴方形 //

习题 ⑥1

这道题比上一题复杂一点。请你取四根火柴，用它们摆出四个直角。在此，我故意不告诉你火柴原先是怎么摆的，因为本题的实质就在于寻找这个摆法。等你摆完之后，请再移动一根火柴，使得四根火柴围成一个正方形。

解答

这道题有一个特别好玩的地方：存在许多不同的解法。举个例子，你可以先按图13-2a所示摆放火柴：图中四个直角分别由1、2、3、4表示。毫无疑问，接下来只需把中间一根火柴移出来，把正方形封住即可。

其他的原先位置可参见图13-2b、图13-2c、图13-2d。从图中可以很清楚地看出，应该把哪根火柴移到什么地方。

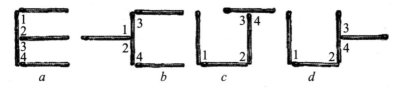

图13-2

读者大概还能找出其他的解法，但怕是难以想出图13-3那种完全出乎意料的解法。火柴的最初位置参见图13-3（左）。只需把上边的火柴向上移一点儿，就能得到一个"由四根火柴围成"的小小正方形。

图13-3

这个别出心裁的解法符合题目的要求，因此是完全正确的。毕竟没规定说非得拼出个大正方形不可呀！

其他火柴趣题

刚刚研究的两道题让我们认识到了火柴趣题的某些特点。类似的题目非常之多，当年德国作家特罗姆戈德在一本书中竟收集了两百多道不同的火柴谜题。这本有趣的小册子也有俄文译本（*S.* 特罗姆戈德：《火柴游戏》，敖德萨：1907）。可惜的是，如今这本书已经买不到了，因此我打算在此引用其中的二十几道习题，读者可以按照这些例子，自己编出许多其他的题目。其中不少题目都很简单，但有时也会遇上拦路虎。为了让读者能顺利解开那些存心要难倒人的精巧难题，享受到独立寻找答案的乐趣，我们把答案全部印在本章末尾，而不是直接印在每道题的下面。

我们先从最简单的开始吧。

习题 ㉒

a）移动两根火柴，拼出七个全等正方形（图13-4）。

b）从所得图形中再取走两根火柴，使得正方形只剩下五个。

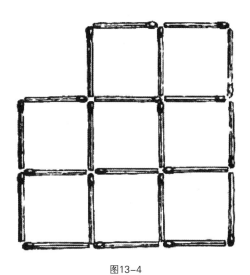

图13-4

习题 63

取走八根火柴，使得剩下的火柴组成四个全等正方形（图13-5，本题有两种解法）。

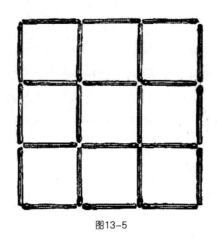

图13-5

习题 64

取走四根火柴，使得剩下的火柴组成五个正方形，全等或不全等均可（图13-6）。

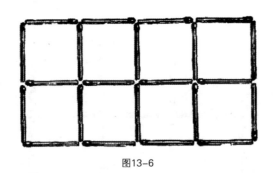

图13-6

习题 65

见图13-5，取走六根火柴，使得剩下的火柴组成三个正方形。

习题 66

移动五根火柴，拼出两个正方形（图13-7）。

图13-7

习题 ❻❼

取走10根火柴，使得剩下的火柴组成四个全等正方形（图13-8，本题有五种解法）。

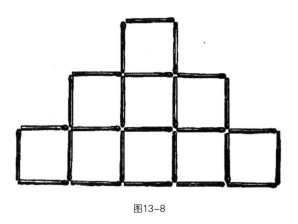

图13-8

习题 ❻❽

请用12根火柴组成三个全等四边形和两个全等三角形。

习题 ❻❾

取走六根火柴，使得剩下的火柴组成四个全等正方形（图13-6）。

习题 ❼⓿

取走七根火柴，使得剩下的火柴组成四个全等正方形（图13-6）。

习题 ❼❶

请用18根完整的火柴组成五个正方形。

*   *   *

现在我们来研究几道难点儿的题目。

习题 72

请用18根火柴组成一个三角形和六个四边形，要求四边形有两种大小，每种大小各三个。

习题 73

10根火柴组成了三个全等四边形（图13-9）。取走其中一根，再用剩下的组成三个新的全等四边形。

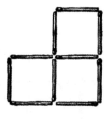

图13-9

习题 74

请用12根火柴组成一个直角十二边形。

习题 75

取走五根火柴，使得三角形只剩下五个（图13-10，本题有两种解法）。

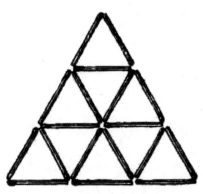

图13-10

习题 76

用18根火柴组成六个全等四边形和一个三角形，要求三角形的面积是四边形的三分之一。

习题 77

移动六根火柴，拼出六个位置对称的全等四边形（图13-11）。

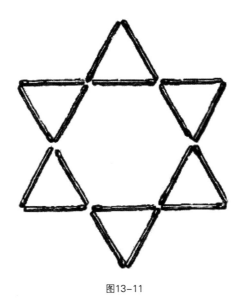

图13-11

习题 78

如何用10根火柴组成两个等边五边形和五个全等三角形？

*   *   *

这类题目中最难解的大概要属下面这道了；从某种角度上看，这也是一道鼎鼎有名的火柴谜题。

习题 79

用六根火柴组成四个全等的三角形，要求三角形的边长等于一根火柴的长度。

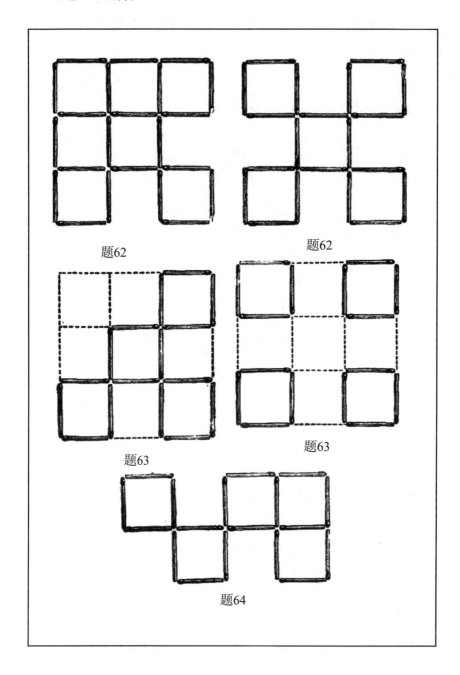

题62

题62

题63

题63

题64

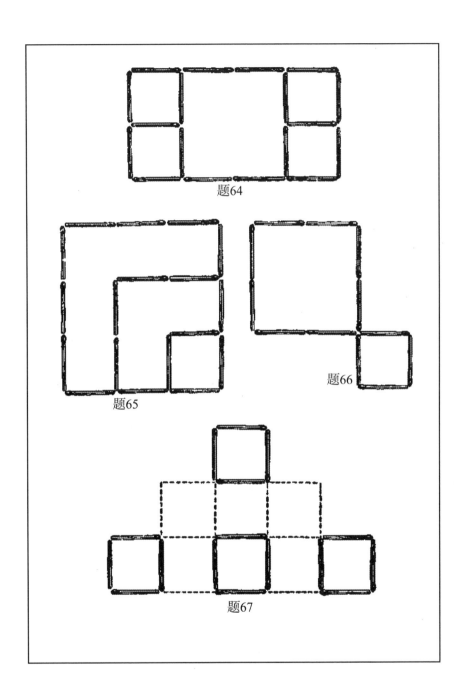

题64

题65

题66

题67

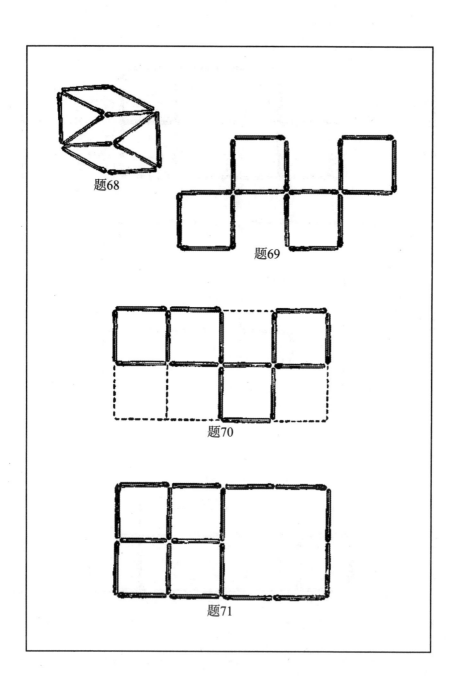

题68

题69

题70

题71

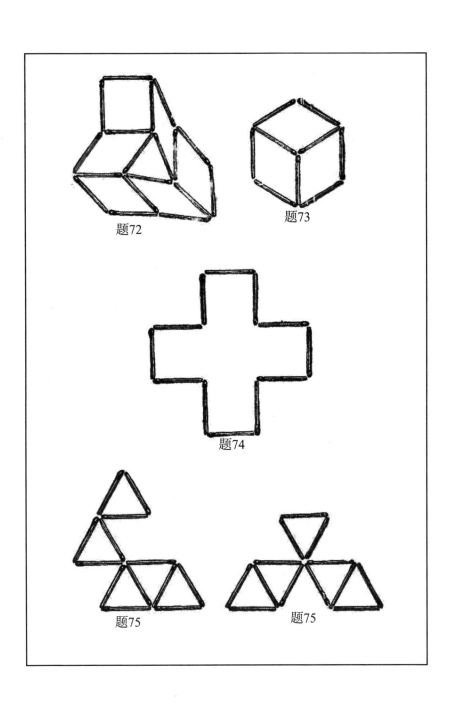

题72

题73

题74

题75

题75

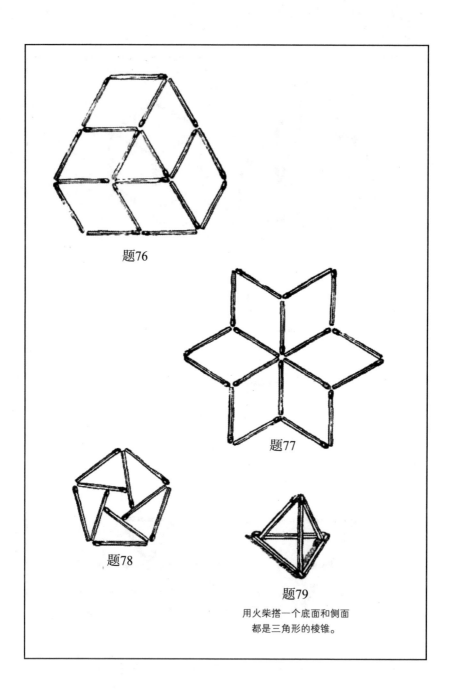

题76

题77

题78

题79

用火柴搭一个底面和侧面
都是三角形的棱锥。

火柴游戏 //

三棍一列

这个游戏不是别的，正是众所皆知的"圈圈叉叉"游戏的火柴棍版本。参加者为两人。首先用火柴摆成图13-12所示的形状，然后双方轮流在其中的一个格子里放火柴，一方的火柴大头朝上，另一方大头朝下。谁先把自己的火柴排成横、竖或斜（沿对角线）的三棍一列，他就取得了游戏的胜利。

图13-12

渡河

用火柴还能很方便地玩一玩古老的渡河游戏。以下就是一个例子。

一对夫妇带着两个孩子来到河边。我们用火柴表示如下：父亲——大头朝上的完整火柴，母亲——大头朝下的完整火柴，孩子——两截半根火柴，河流——两排平行的火柴棍。岸边停着一只小船（火柴盒），小船每次只能载一个成人或两个孩子。怎样把所有人都渡到河对岸呢？

解答

为了把所有人渡到对岸，必须连续数次来回摆渡。具体步骤参见下表：

渡河	返回
两个孩子	一个孩子
一个成人	一个孩子
两个孩子	一个孩子
一个成人	一个孩子
两个孩子	

结果只要摆渡九次，四个人就都能到达河对岸。

投火柴

如图13-13所示，把一根末端劈开的火柴立在桌上离边缘不远的地方，再在边缘上架一根火柴，使得它有一部分越过桌缘。现在用手指弹平放的火柴，设法用它击倒立着的火柴。若果能在桌上竖起好几根火柴，在纸上标出不同的分数（就像玩撞柱游戏一样），这个游戏就会变得有意思得多了。本游戏参加人数为二到三人。

图13-13

是奇是偶？

普通版本的"是奇是偶？"是个人尽皆知的游戏。但是，以下要提供一种有趣的改编版本。游戏者把若干根火柴藏在手中，他的对手猜火柴数是奇是偶，而且不能出声说出来，而是静静地把火柴塞到提问者的手中：如果猜奇数，就放两根；如果猜偶数，就放一根。把这些火柴加在原有的火柴之中，然后计算全部的火柴数，看看手里的火柴数究竟是奇是偶。

在这种规则下，提问者可以立于不败之地。他要怎么做才能保证必胜呢？

解答

提问者应该始终取奇数根火柴。这样一来，不管对手塞两根还是一根火柴，他都必然要败。事实的确如此：

$$奇数+1=偶数$$
$$偶数+1=奇数$$

换言之，两种结果都与对手指出的结果相反。

"让二十"

本游戏参加人数为两人。在桌上放20根火柴，游戏者轮流从中取火柴，每次不超过三根。拿到最后一根火柴的人输，把最后一根火柴留给对手的人赢。

如果游戏从你开始，你最初该怎么取，接下来该怎么取，才能确保取得胜利呢？

解答

如果想取胜的话，你第一轮该取三根火柴。在剩下的17根火柴中，你的对手可能随意取走一根、两根或三根，相应留下16、15或14根。不管他取了多少，你下一轮都得留给他13根火柴（相应取走三根、两根或一根）。在接下来三轮中，你分别留给对手9根、5根和一根火柴，最终赢得了胜利。

简而言之，你第一轮取走三根火柴，接下来每轮中都要确保自己取的火柴数同对手上一轮取的火柴数之和为4根。

这个方案可通过以下方式推理而出：假如倒数第二轮中你留给对手5根火柴，你就总能在最后一轮中留给他一根火柴，因为不管他从5根中拿走几根，剩下的火柴数（4、3、2）都对你大大有利；不过，要想留给他5根，你就得在再前一轮中留给9根，以此类推。这样"逆推"下去，很容易就能算出所有的步骤。

一点代数知识

根据起始的火柴数以及每次取火柴的上限的不同，类似的游戏可以变出许许多多的花样。然而，只要了解一些初等的代数知识，就能找出在任何规则下取胜的方法。现在我们去代数王国做一次小小的旅行吧。如果读者自认为还不足以参加这次旅行，请直接跳到下一个题目。

这么说吧，设起始的火柴数为a，每次取火柴的上限为n，又设拿到最后一根火柴的人获胜，则可以列出一个分式：$\dfrac{(n+1)}{a}$。

如果a能整除$(n+1)$，则应该把先手让给对方，接下来每轮都要确保双方从一开始累计拿走的火柴数之和等于$(n+1)$、$2(n+1)$、$3(n+1)$、$4(n+1)$……

如果a不能整除$(n+1)$，余数为r，则应该争取先手，第一轮取r根火柴，接下来每轮都要确保双方累计拿走的火柴数之和等于$r+(n+1)$、$r+2(n+1)$、$r+3(n+1)$……

你可以根据上述规则，按着下面提供的例子做些练习（拿到最后一根火柴的人获胜）：

1）起始火柴数15，每次不超过3根；

2）起始火柴数25，每次不超过4根；

3）起始火柴数30，每次不超过6根；

4）起始火柴数30，每次不超过7根。

可想而知，如果双方都知道了游戏的必胜秘诀，那么谁胜谁负一开始就定好了，游戏也就失去了意义。

一点火柴算术

由三得四

这是一道很搞笑的玩笑算术题。桌上放着三根火柴，请你在不增加或折断火柴的情况下，从这三根火柴中变出四。

解答

你变出的"四"是罗马数字"Ⅳ"，而不是四根火柴。如图13-14所示：

图13-14

这个方法一点都不复杂，但恐怕很多人都没有想到。你可以把三根火柴变成六（Ⅵ），把四根火柴变成七（Ⅶ）[1]，等等。

这里还有一个类似的玩笑题目：

3 + 2 = 8！

桌上放着三根火柴。请再加上两根，得到八。

解答

这道题同样要靠罗马数字解决。答案是：Ⅲ + Ⅱ = Ⅷ

图13-15

三堆火柴

桌上放着三堆共48根火柴。你不知道每堆中各有多少火柴，只清楚以下的事实：如果从第一堆火柴中拿走同第二堆一样多的火柴，放到第二堆里，再从第二堆里拿走同第三堆一样多的火柴，放到第三堆里，最后从第三堆里拿走同现在的第一堆一样多的火柴，放到第一堆里，那么三堆火柴的数量刚好相等。

你能说出最初三堆火柴各有多少根么？

解答

这道题得从最终状态开始解。题目告诉我们，三次转移之后各堆火柴的数量刚好相等。既然转移火柴并不会改变三堆火柴的总数（也就是先

---

① 阿拉伯数字1—10分别对应的罗马数字：Ⅰ、Ⅱ、Ⅲ、Ⅳ、Ⅴ、Ⅵ、Ⅶ、Ⅷ、Ⅸ、Ⅹ。——译注

前的48根），那么转移完后三堆火柴应该各有16根。据此可知，最终状态是：

第一堆	第二堆	第三堆
16	16	16

恰好在此之前，第一堆火柴增加了原有的火柴数量，也就是说火柴数翻了一番。由此可知，最后一次转移之前第一堆火柴并没有16根，而只有8根；另外8根火柴是从第三堆里拿的，所以当时第三堆火柴有16＋8＝24根。

现在各堆火柴的数量是：

第一堆	第二堆	第三堆
8	16	24

继续推理可知，在这个状态之前，有第三堆那么多的火柴从第二堆转移到了第三堆。换句话说，第三堆的24根是第二次转移之前的火柴数翻了一番的结果。据此可得第一次转移后各堆火柴的数量：

第一堆	第二堆	第三堆
8	28	12

剩下的就很容易想到了：在第一次转移之后，有第二堆那么多的火柴从第一堆转移到了第二堆，因此在那之前的最初状态应该是：

第一堆	第二堆	第三堆
22	14	12

这就是最初各堆火柴的数目。只需按题目要求试验一下，就不难确定答案是正确无误的。

一点火柴几何

水平与垂直

请同伴在桌上水平放一根火柴，他肯定会这样摆放：

然后请他在这火柴边上再垂直放一根，他大概会这样摆放：

你的同伴一定没想到你"骗"了他一把。这恐怕连你自己都未曾预想吧。

其实，这样的解答是不正确的！

解答

两根火柴都是水平的！你感到惊奇了？其实只要仔细想想：放在水平桌面上的火柴，怎么可能有着垂直的方向呢？垂直方向是从上往下朝着地面（更确切地说是朝着地心）的方向，可见不管你在桌上怎么摆放，火柴都不可能朝向地面。

一百人中大概有九十九人会犯这个错误，甚至有些数学家都不能幸免。你的同伴怕是未必能成为那百里挑一的佼佼者吧。

两个四边形

图13-16中有一个由六根火柴组成的四边形，它的面积是边长为一根火柴的正方形的两倍。火柴的长度是已知的（5厘米），因此你可以很容易地算出四边形的面积：5×10＝50平方厘米。本题的要求是：不改变四边形的边长，只改变它的形状，使得它的面积缩到原来的一半（25平方厘米）。该怎么办呢？

图13-16

请读者注意：这道题说的是组成一个有四条边的图形（不一定是矩

形），可见新图形的角不一定非得是直角不可。

解答

用六根火柴组成一个平行四边形，使得它的高相当于一根火柴的长度（图13-17）。这个平行四边形的底和高都与正方形的边相等，所以面积也同正方形一样。

图13-17

哪个更大?

用六根火柴分别组成一个矩形和一个等边三角形（图13-18），两个图形的周长当然是相等的，那么哪个面积更大呢?

图13-18

解答

要解出这道题，就得先知道三角形的面积是怎么算的：三角形的面积等于底长乘以高再除以二，或者用底长的一半乘以高，其实都是一回事。在这道题中，三角形的底长的一半等于一根火柴，也就是矩形的短边。假如两个图形的高一样的话，它们的面积也该相等。但是我们很容易看出，三角形的高不到两根火柴，也就是比不上矩形的长边。因此，三角形的面积比矩形的面积小。

面积最大的图形

我们刚刚用六根火柴分别组成了一个矩形和一个等边三角形。不过，用同样多的火柴还能组成别的图形，它们的周长都一样。其中一些图形可参见图13-19。

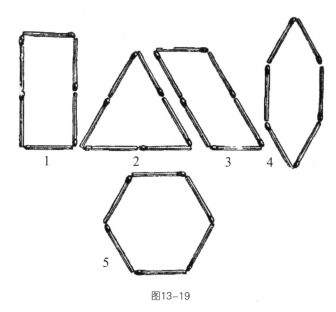

图13-19

这些图形的面积并不相等。请问其中哪个面积最大呢？

解答

我们已经知道图形1的面积比图形2大，同样易知图形1的面积比图形3大（比较它们的高）。接下来只需比较图形1、4、5的面积。我们可以把三个图形都视为等边六边形（图形1有两个平角[①]）。几何课上会讲到，在边数和周长均相等的所有多边形中，面积最大的是正多边形，也就是那些不仅各边都相等，而且各角也都相等的多边形。满足这个条件的是图形5，因此它有着六根火柴能围出来的最大面积[②]。

[①] 180°的角。——译注

[②] 关于这类问题的更详细讨论可参见拙作《家里家外的趣味几何》。——原注。以上提到的是"等周定理"的一种说法，它的证明比较复杂，有兴趣的读者可自行利用高等数学知识进行研究。——译注

两棍搭一桥

图13-20是一座四面环水的孤岛。水道的宽度刚好等于一根火柴，因此只用一根火柴是搭不出横跨两岸的桥的，毕竟没法把桥的两端支撑在两岸上嘛。

那么，你能不能用两根火柴棍在水道上搭起一座桥呢？不过请牢记：把火柴黏在一起或捆在一起是不允许的。

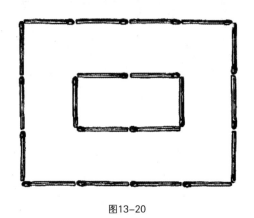

图13-20

解答

解答这道题目的依据是：若正方形边长为一根火柴，则连接其相对的两个角的线段（叫做对角线）的长度短于一又二分之一根火柴[①]（图13-21a）。清楚了这一点，我们就能按图13-21b所示搭起题目要求的桥梁了，也就是把一根火柴放在5—6，另一根放在7—4。显而易见，2—7的距离同5—7的距离相等；2—4的距离（正方形对角线的长度）不到一又二分之一根火柴；因为2—7的距离相当于半根火柴，所以7—4的跨距不到一根火柴。这样一来就可以搭桥啦。

这道题也能在现实中派上用场：如果你有两根一样长的杆子，需要在一条宽度恰好等于或略微大于一根杆子的水道上架一座桥，却没法把杆子扎在一起，那就可以像题目中这样办了。但是，这种方法只能在水道的垂

[①] 这个结论可由勾股定理证明：设正方形边长为1，对角线为x，则$1^2+1^2=x^2$，解得x等于$\sqrt{2}\approx1.414<1.5$。——译注

直拐角处使用（图13-21c）。

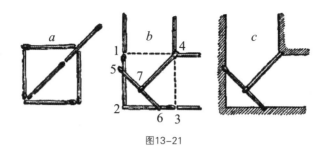

图13-21

在商店的橱窗里 //

商店的橱窗里常常摆放着用来打广告的巨型火柴盒，其形状与一般的火柴盒完全无二。在这样的火柴盒里，可以看到同样巨大的火柴棍。假设这火柴盒的长度[①]是普通火柴盒的10倍，请问：

1. 设一根普通火柴重 $\frac{1}{10}$ 克，请问一根巨型火柴有多重？

2. 一个巨型火柴盒里能放多少根普通火柴？

有人说，巨型火柴的重量等于 $\frac{1}{10} \times 10$，也就是只有1克重。这样的答案显然是荒谬的。要知道，这巨型火柴差不多就是一块劈柴了，尽管只有2厘米粗细，但好歹也有 $\frac{1}{2}$ 米长呀！

还有人说，巨型火柴盒中只能放入十倍于普通火柴盒的火柴，也就是10个普通火柴盒里的火柴总数。这个说法也是站不住脚的。设想一下10个小火柴盒排成一列的情景，这压根儿就不像橱窗中那个令人印象深刻的大火柴盒。

正确的答案到底是什么呀？

解答

巨型火柴的长度是普通火柴的10倍；不仅如此，它的粗细也是普通火

---

① 原文如此，根据下文应该是"长、宽、高"。——译注

柴的10倍。因此，它的体积应该是普通火柴的$10 \times 10 \times 10 = 1000$倍[1]。由此可知它的重量：$\frac{1}{10} \times 1000 = 100$克。

同理，巨型火柴盒的体积也是普通火柴盒的1000倍，换言之，其中可以容纳大约50000根普通火柴。

火柴玩具

本节中我们要研究一些火柴玩具，只要你有一点儿手工技巧，就能用火柴给弟弟妹妹做出这样的玩具来。制作这类玩具并不需要很多材料，除火柴外只需牛皮纸和软木塞就够了，工具则得有剪刀、小刀和锥子。胶水倒是用不上：如图13-22~图13-25所示，所有玩具的构造都很牢固，即使没有胶水也相当稳当。

图上已经很清楚地画出了玩具的构造，几乎用不着多加解释了。你可以在图13-22中看到下列玩具：椅子、桌子、长凳、小书架、床和小圆桌。图13-23上则是兔子笼、绳梯、小雪橇、四轮车、独轮手推车和大板车。图13-24上有人、花园围墙、山羊、狗、大猪和小猪。

图13-25需要做点解释。图上画着载物车的各个部分——轮子、轴衬和轮轴的结构；载物车本身也在图的左下角画出来了。"设计师"可以按自己的喜好用烟草盒子剪出载物车的车筐，然后用软木塞做成轴衬，再往里面插两排大头朝外的火柴做辐条，就像自行车车轮一样。接下来拿一张纸条，在上面打一些小孔，小孔的间距要比辐条末端的间距大一点儿，这样就做成了轮框。把纸片透过小孔套在火柴的末端上（为此必须在每两个辐条之间把纸片弯一弯），再给轮子箍上用另一张纸片做成的轮胎。为了防止轮胎滑脱，就得在每两个辐条之间用针线把它固定在轮框上，或者用胶水粘上去也行。

这样做出来的轮子非常结实，它有着"坚固"的结构，因此可以承受

---

① 火柴棍大致可以视为一个圆柱体，圆柱体的体积公式与立方体类似：$V = S \times h$（底面积×高）。圆柱的底是一个圆，而圆的面积公式：$S = \pi r^2$（圆周率×半径×半径）。可见在半径和高均为10倍的情况下，底面积为100倍，体积为1000倍。——译注

图13-22

图13-23

图13-24

图13-25

别莱利曼趣味科学作品全集　趣味数学世界

比较大的重量。建造轮轴的方法可参见车轮下方的图示：这个轮轴的构造是拱形的，把一张纸片弯曲后即可制成，从图上看也很好理解。轮子安装在两旁的火柴棍上，这火柴的两端得先刨成圆形，才能让轮子转得更顺。中间的火柴用来增加轮轴的强度，并将其连接到车筐上。

　　读者朋友，你大概也能按照这些示例自行设计出不少新玩具吧。祝你一切顺利！

火柴绘画

　　最后，为了让本文的内容更加充实，我们再来看一个有趣的火柴游戏——用火柴画画。

　　如果读者觉得火柴谜题和火柴实验都没什么意思，也不想做什么手工，他就可以放松一下，用火柴画些画儿。对某些人而言，火柴绘画是一件非常有意思、甚至是叫人着迷的事情。

　　用火柴能够画出什么样的画儿呢？从下面几个例子中可见一斑。这些图画都是本书的插图设计师想出来的。如你所见，火柴绘画的题材多种多样，特别是在不严格要求与实物相似的情况下就更是如此。这儿有房子（图13-26），有大门（图13-27），有小帆船（图13-28），还有铲子、咖啡机、路灯和教室里的黑板呢（图13-29）。

　　只要有一点审美观和一点想象力，大概就不难做出比这多得多的火柴绘画。读者朋友，希望你无需进一步指导也能自己完成这个任务。

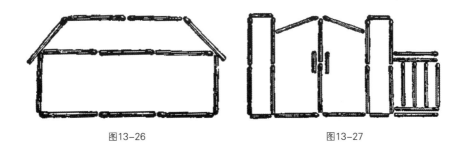

图13-26　　　　　　　　　　　　　图13-27

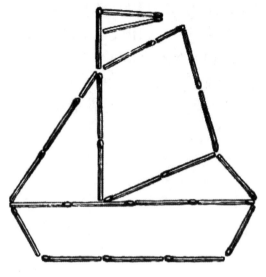

图13-28

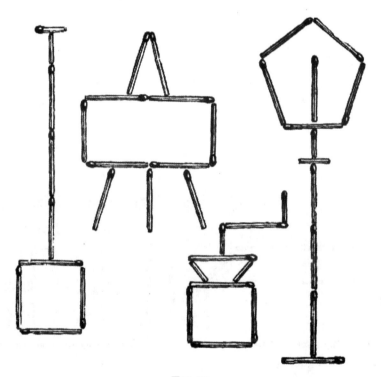

图13-29

别莱利曼趣味科学作品全集　趣味数学世界

14

第十四章

七巧板

图14-1

请按图示把这个正方形分剪成片。

前页是一个黑色正方形，里面画着白色的线条。请你把这正方形贴在硬纸板上，然后沿着白线剪开。这样一来，它就会分成七片：一个小正方形（图14-7）、一个小平行四边形（图14-8）、两个大三角形（图14-2和图14-3）、两个小三角形（图14-4和图14-5）以及一个中等大小的三角形（图14-6）。

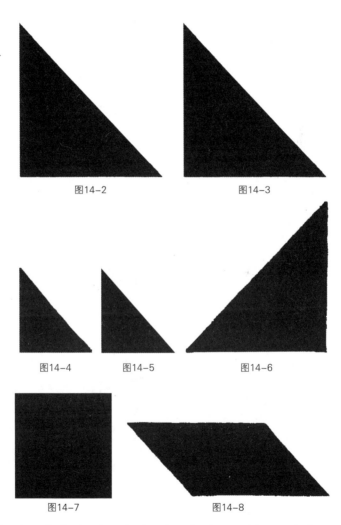

图14-2   图14-3

图14-4   图14-5   图14-6

图14-7   图14-8

（下方文字分别是小三角形、中三角形……对应上述文字，酌情决定是否添加）

现在我们要用这七片纸板拼成不同的形状和图案。

不过，要想拼好这些纸板并不是那么容易的，它们被称作"难题"绝非空穴来风。哪怕你只想把它们重新拼成一个正方形，也得好好动一番脑子。试试看吧：先把七片纸板混在一起，然后试着重新拼出原先的大正方形。看得出这绝非轻而易举。只有按图14-9所示把纸板拼在一起，才能弄出一个大正方形。

图14-9　如何用七片纸板拼成一个正方形

现在我们用七巧板来拼各种图形吧。

　别莱利曼趣味科学作品全集　趣味数学世界

请看，用七巧板能拼出一只多棒的小公鸡呀！

图14-10　小公鸡

这小母鸡也挺漂亮：

图14-11　小母鸡

长脖子鹅难道就不好看么？

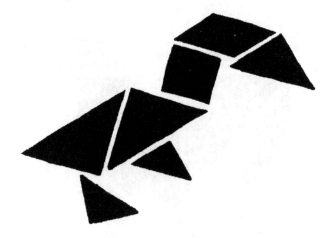

图14-12　鹅

还有这滑稽可笑的小脑袋：

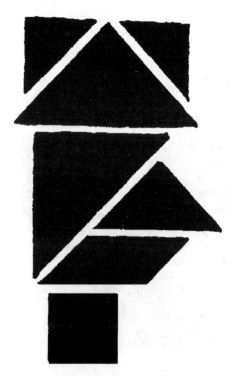

图14-13　戴礼帽的脑袋

请牢记在心：每个图形中都必须使用全部的七块纸板，不能闲置任何一块。这是第一条规则。第二条规则是这样的：纸板之间不能相互重叠，哪怕是边上重叠一点儿也不行，只能彼此拼合在一起，并且不能留下缝隙。

　　如果你精准地把它们拼在一起，就能拼出非常好看的形状。在拼法得当的情况下，我们的小公鸡、小母鸡、鹅和脑袋看上去会是这样的：

图14-14　小公鸡

图14-15　小母鸡

图14-16 鹅

图14-17 戴礼帽的脑袋

只要知道该怎么拼成一个图形，每块纸板该放在什么地方，该同哪块纸板拼在一起，就能很容易地拼出图形来。不过，你先试试在没有提示的情况下拼图，试着自己悟出组合图形的办法吧！这回你可得好好动一番脑子啦。要完成这项任务，不仅需要相当的机智，有时还得有非凡的耐心呢。

以下是许多不同的图案，都可以按着刚提到的规则用七巧板拼成。你会看见：拼起来最为困难的图形，恰好是那些看上去最简单的图形。

例如，请试着自己拼出以下图形：

带烟囱的平房（图14-18）：

图14-18　房子

架在水渠上的小桥（图14-19）：

图14-19　小桥

铁匠的铁砧（图14-20）：

图14-20 铁砧

敲钉子用的锤子（图14-21）和老式圈椅（图14-22）：

图14-21 锤子

别莱利曼趣味科学作品全集 **趣味数学世界**

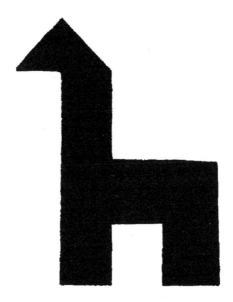

图14-22 圈椅

燃烧的蜡烛（图14-23）、礼帽（图14-24）和抽烟用的烟斗（图14-25）：

图14-23 蜡烛

图14-24　帽子

图14-25　烟斗

玩具手枪（图14-26）、留声机（图14-27）和木马（图14-28）：

图14-26　手枪

图14-27 留声机

图14-28 木马

玩具骑手（图14-29）：

图14-29　骑手

童车（图14-30）：

图14-30　童车

现在我们来拼动物吧。

先从我们的朋友——家养动物开始。

瞧，这是一只正朝着人叫的小狗（图14-31）：

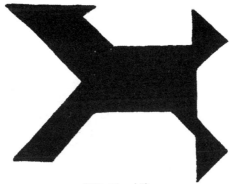

图14–31　小狗

这是一只可笑的小猪（图14-32）：

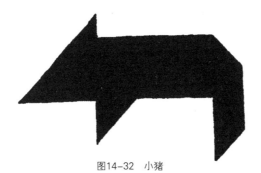

图14–32　小猪

这是你的小猫朋友（图14-33）：

图14–33　猫

再来一只猫（图14-34）：

图14-34　猫

长角的山羊（图14-35）：

图14-35　山羊

正在躲猫的小老鼠（图14-36）：

图14-36 小老鼠

然后是野生动物：

一只兔子，不过它看上去更像个玩具兔子（图14-37）：

图14-37 兔子

长腿仙鹤（图14-38）：

图14-38　仙鹤

海外珍禽——鸵鸟（图14-39）：

图14-39　鸵鸟

海外异兽——袋鼠（图14-40）：

图14-40　袋鼠

长颈天鹅（图14-41）：

图14-41　天鹅

这条鱼（图14-42）可不太好拼，你可能得费上不少脑筋，才能想出解决办法：

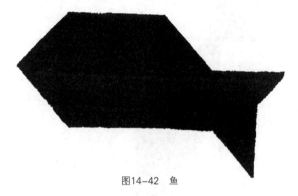

图14-42　鱼

如果有些图形你怎么都拼不出来，请参看244页的答案部分的答案：那里提供了拼成上述图案的办法。

不过可别急着去看答案哟，先试着独立解决谜题吧，毕竟自己拼图可比按别人的提示拼图有意思得多了。

用七巧板还可以拼出姿态各异的人。

我们先拼一个背着手走的人（图14-43）：

图14-43

瞧，他俯身看着地面（图14-44）：

图14-44

然后他跪下来找东西（图14-45）。

图14-45

这是一个正在奔跑的男人（图14-46）；

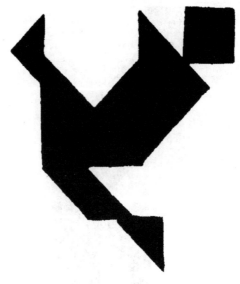

图14-46

再来两个奔跑的人（图14-47、图14-48）：

图14-47

图14-48

请拼出一个鞠躬的人（图14-49）：

图14-49

然后是一个坐在地上的人（图14-50）：

图14-50

拼一个日本人（图14-51）、一个站着的印第安人（图14-52）和一个坐着的印第安人（图14-53）；

图14-51

图14-52

图14-53

拼一个照镜子的女人（图14-54）、一个在街上的女人（图14-55），还有一个手拿扇子、穿戴讲究的家伙（图14-56）；

图14-54   图14-55

图14-56

拼一个奔跑的女人（图14-57）和一个年轻的荷兰女人（图14-58）：

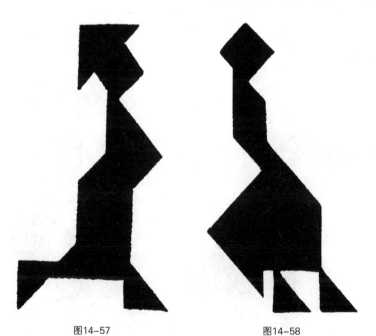

图14-57　　　　　　　　图14-58

拼一个推着童车的保姆；当然，童车和保姆是分开拼的（图14-59）；
顺带说一句，这童车同之前图14-30的童车完全不是一码事。

图14-59

用七巧板拼海军和空军部队。

一只小帆船（图14-60）；

图14-60

再来一只小帆船（图14-61）和一艘炮艇（图14-62）。

图14-61

图14-62

图14-63　巡洋舰

图14-64 扫雷艇

图14-65 鱼雷

两架飞行器（图14-66、图14-67）;

图14-66

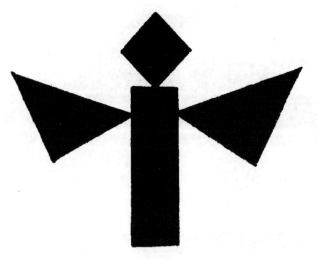

图14-67

两艘飞艇（图14-68、图14-69）；

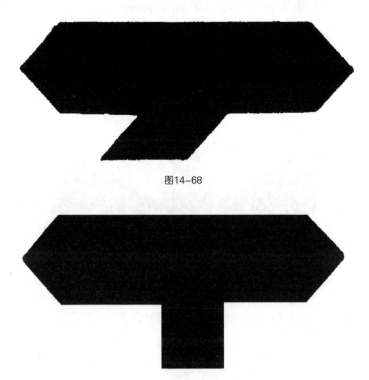

图14-68

图14-69

防空炮（图14-70）；

图14-70

最后一个图形是拿破仑①本人，他正皱着眉头注视那个时代还不存在的飞行器呢②：

图14-71

---

① 拿破仑·波拿巴（1769-1821），法国政治家、军事家，法兰西第一帝国皇帝（1804-1814年在位）。具有极高的军事和政治才能，统治期间屡次击破反法联盟的围攻，又对外发动扩张战争，一度重写欧洲的政治格局。——译注
② 飞机发明于1903年。——译注

一套七巧板每次只能拼出一个图案；要想拼下一个图案，就得把前一个拆掉。假如想把两三个图形拼在一起，比方说猫和老鼠吧，你就得另备一套七巧板，也就是使用两套、三套或者更多的七巧板。你可以剪下一张同样大小的黑色牛皮纸或正方形纸板，按照提到的方法在纸上画好线，然后沿这些线把它剪开。

等你准备好二至四套七巧板后，你就可以拼出一些完整的图画了，比如说这个（图14-72）：

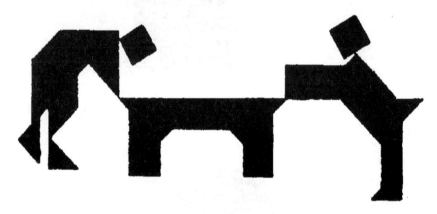

图14-72　打台球

这幅画表现了两个正在打台球的人。

瞧，这是一辆完整的火车，有车头和四节车厢（图14-73）。

图14-73　铁路火车

车头和每节车厢分别由一套七巧板组成的，打台球的人和台球桌也是如此。但是，每个图形中必须用上同一套七巧板的全部块儿，把不同七巧板的组成部分混用在同一个图案里是不允许的。

要是有了七套七巧板，你还可以做出这样一幅复杂的图画——由四位音乐家组成的乐队。上面有钢琴家和他的钢琴、小号手、低音提琴手，还有一位鼓手，面前是他的土耳其鼓和一个放着乐谱的谱架（图14-74）。

图14-74　乐队

一点几何知识

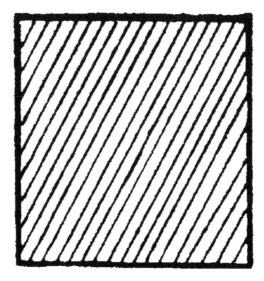

图14-75

你现在玩的这个游戏起源于中国，因此经常被称作"中国谜题"。早在距今四千年前，古代中国就出现了这个游戏。它大概是世上最古老的游戏了，比象棋的历史还要悠久。不过，它的最初用途并不是娱乐，而是用于教学。中国人用这个游戏教孩子（可能也教成人）学习几何。

的确，由正方形剪成的七个块儿不仅能拼成有趣的图形，还能从中获得某些几何知识呢。你很快就会确信这一点的。

＊　＊　＊

从这"中国难题"中可以学到什么几何知识呢？

我们先从一个简单的问题开始吧：什么是正方形呢？你当然知道这个词的意思，也能画出正方形，可你能用言语描述一下么：正方形到底是什么呀？是四边形[①]么？然而，并非所有四边形都能称作正方形。举个例子，你可以用七巧板拼成如下图形：

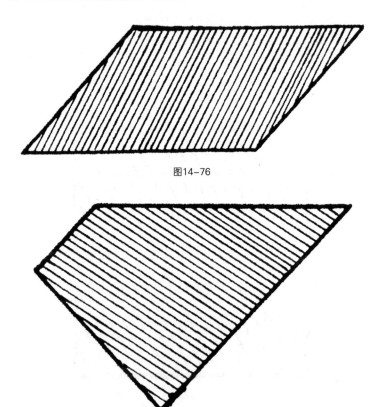

图14-76

图14-77

---

① 俄语中把各种多边形都称作"多角形"，但汉语中通常称为"多边形"（三角形除外），二者其实等价。以下均译"四边形"、"五边形"、"六边形"……并把上下文中对应的"角"处理成"边"。——译注

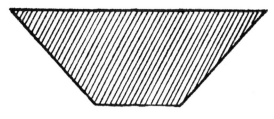

图14-78

　　以上每个图形都有四条边，换言之，它们都是四边形。但这是正方形么？当然不是了。为什么？因为四条边的长度不相等？原因不只如此。有的四边形每条边长度都相等，但依然不是正方形。还需要一个条件：四边形的每个角都是直角。这样它才能成为正方形。

　　可直角又是什么呢？直角就是这样的角——

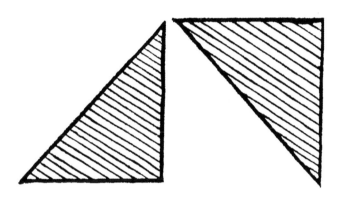

图14-79　直角

　　能够放进直角的角（也就是比直角小的角）称为锐角。

　　比直角大的角则称为钝角。

　　图14-80所示的四边形有两个锐角和两个钝角。把它们都指出来吧！

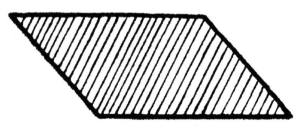

图14-80

用一套七巧板能拼成一个大正方形。那么，还是用这些块儿，你能拼出两个小正方形么？试试看吧，这是完全可能的。

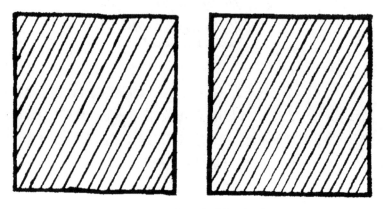

图14-81　用一套七巧板拼出两个正方形

想出该怎么弄这两个小正方形之后，请你把它们拼在一起，如图所示：

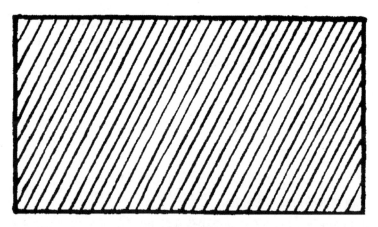

图14-82　长方形

你会得到一个所有角都是直角的四边形。但是，这显然不是正方形，因为其各边长度并不全都相等，它就像一个拉长了的正方形。这样的形状叫做长方形。

现在我们先把四边形搁在一边，研究一下其他的多边形吧：

你能用七巧板拼成这样的五边形么？

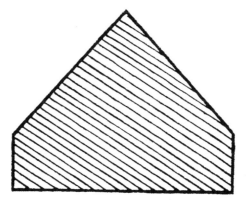

图14-83 五边形

或者这样的六边形？

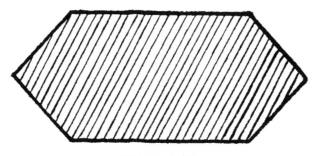

图14-84 六边形

或者另一个形状的六边形？

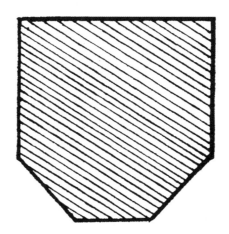

图14-85 再来一个六边形

接下来请你拼一个七边形：

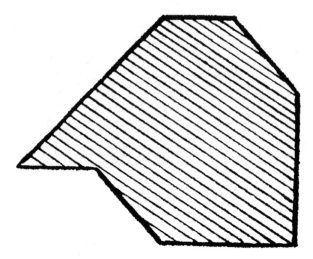

图14-86　七边形

这个七边形中有一个"凹角"[①]。把它指出来吧！

最后，请你拼一个三角形：

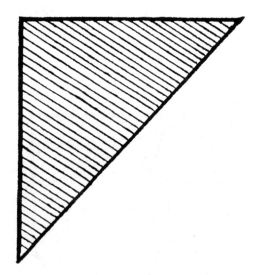

图14-87　直角三角形

[①] 原文作входящий угол（直译"入角"），指180°和360°之间（不含两端）的角。在几何学中通常称为"优角"或"反角"。——译注

这个三角形中有一个直角，因此它被称作直角三角形。此外，它还有两条相等的边；这是一个等腰三角形。三角形还有许许多多不同的形状，但用我们的七巧板是拼不出来的。

为什么七巧板只能拼出一种形状的三角形，也就是等腰直角三角形呢？总有一天你会明白的[①]。

拼了这么多图形之后，你大概能答出下面的问题了：这些图形中哪个面积最大呢？

不难理解，每个图形的面积都是一样的，因为它们是由相同的部分组成的。不管有多少各种各样的形状，它们都是由同一个正方形剪成的块儿拼成的，可见面积也相等。这类面积相等的图形叫做等积形。你拼出来的图形各不相同，但它们都是等积的。

能不能用七巧板拼成两个图形，它们都由全部的七个块儿组成，但面积却不相等？你觉得呢？

*　　　*　　　*

最后，我们来了解直角三角形的一个有趣的性质。为此需要两套一模一样的七巧板，并把它们摆放成这样（图14-88）：

这三个正方形之间的空白三角形有一个直角，它是直角三角形。可以看出，这个三角形的每条边上都有一个正方形。但是，两个小正方形的面积之和相当于大正方形的面积，因为前二者与后者分别是由相同的部分组成的。换言之，直角三角形两短边上的正方形面积之和等于最长的第三边上的正方形面积。这个奇妙的性质据说是古希腊智者毕达哥拉斯首次发现的，因此被命名为毕达哥拉斯定理[②]。

*　　　*　　　*

---

① 只需略通几何就能明白，为什么用七巧板只能拼成等腰直角三角形，而拼不出其他三角形（比如等边三角形）。原因在于：用七巧板拼出的一切图形，其各个角要么是直角，要么是直角的一半，要么是直角的一又二分之一。——原注

② 毕达哥拉斯（约前580-前500），古希腊数学家、哲学家。所谓"毕达哥拉斯定理"即"平面上直角三角形的两直角边平方和等于斜边平方"，在我国古代被称为"勾股定理"。——译注

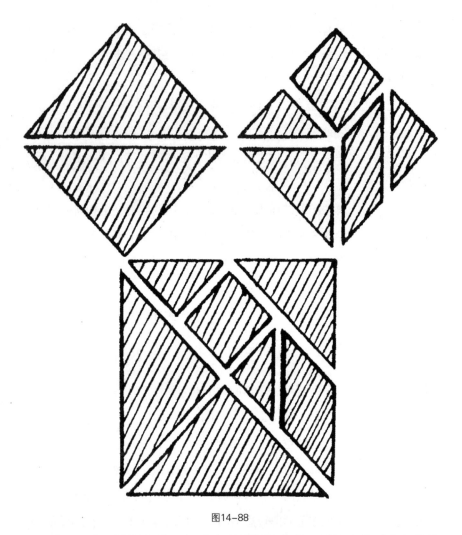

图14-88

　　关于"中国难题"的几何讨论到此就结束啦。尽管这段讨论十分简短，但有一点你是可以确信无疑的：七巧板拼成的图形不仅很好玩，还能教给人一些有用的知识。

＊　　＊　　＊

　　这样一来，你已经用七巧板拼出了约70个图形。要是有些图形拼不出来的话，请看……

图14-89

　　……以下是正确拼出本书中所有图形的方法。如果你在哪个图形上碰了壁，请在244页的解答部分里寻找其序号对应的图示，答案就一目了然了。这些图示也可以用来检验你的拼法是否正确。常常发生这样的情况：图形看上去是拼对了，但一对答案就会发现错误。

解答 //

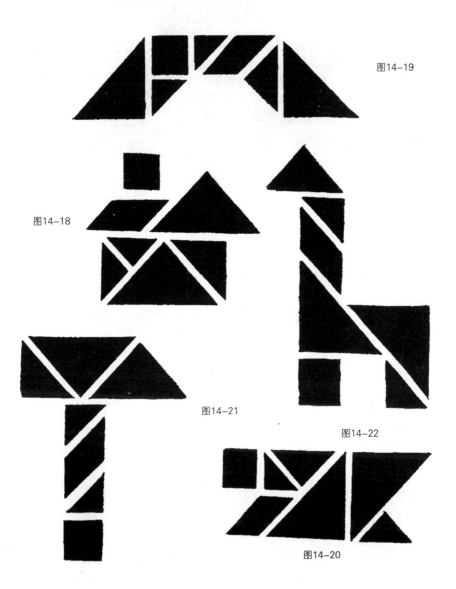

图14-19

图14-18

图14-21

图14-22

图14-20

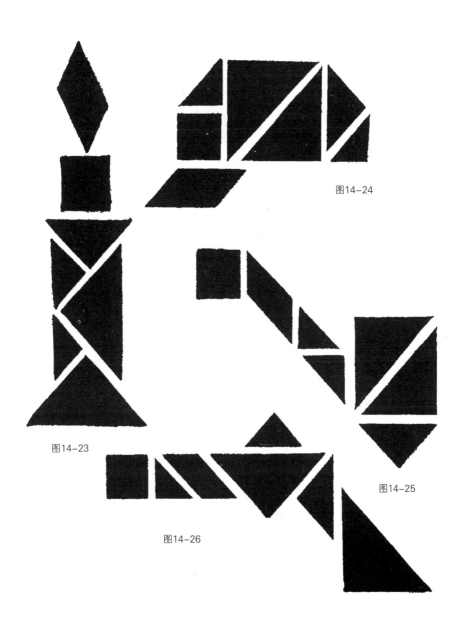

图14-24

图14-23

图14-25

图14-26

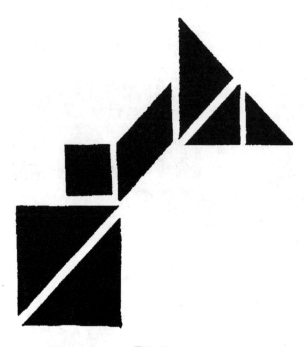

图14-27

图14-28

图14−31

图14−30

图14−29

图14−32

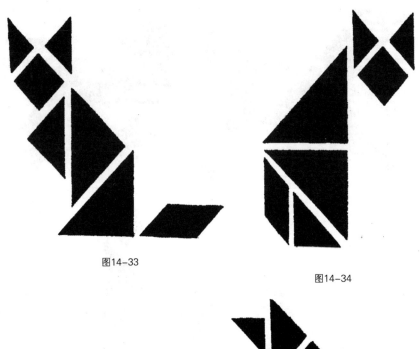

图14-33

图14-34

图14-35

图14-36

图14-37

图14-38

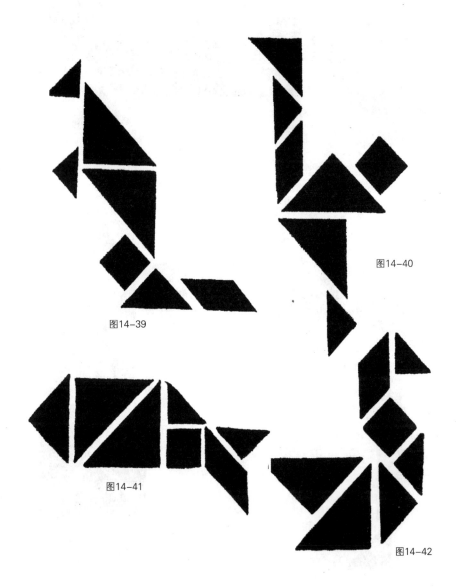

图14-39

图14-40

图14-41

图14-42

图14-43

图14-44

图14-45

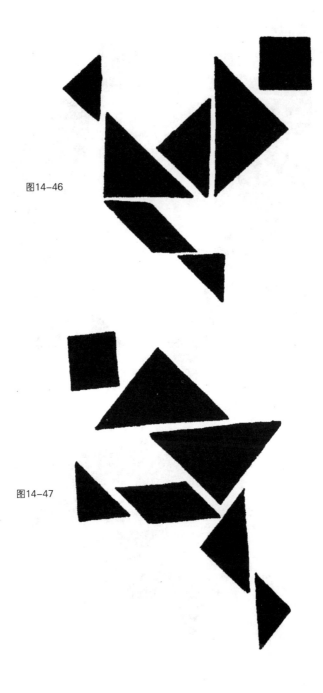

图14-46

图14-47

图14-48

图14-49

图14-50

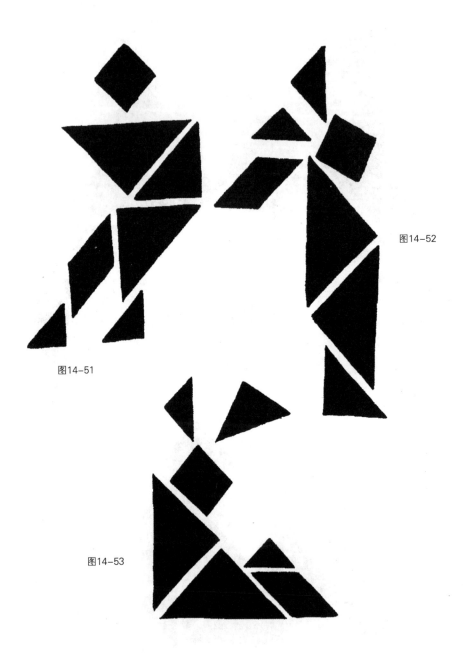

图14-52

图14-51

图14-53

别莱利曼趣味科学作品全集　趣味数学世界

图14-55

图14-54

图14-56

图14-57

图14-58

图14-59

图14-60

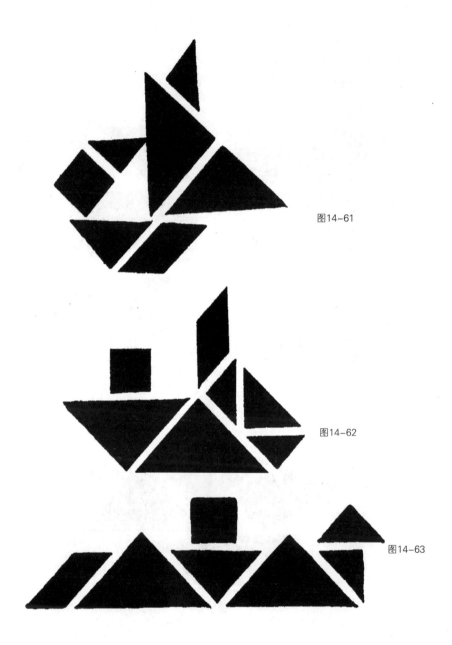

图14-61

图14-62

图14-63

图14-64

图14-65

图14-66

图14-67

图14-68

图14-69

图14-71

图14-70

图14-72

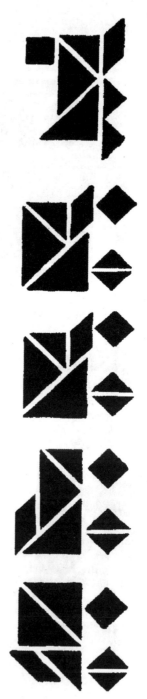

图14-73

图14-74

图14-76

图14-77

图14-78

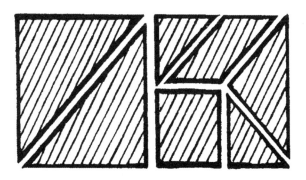

图14-81

图14-83

图14-84

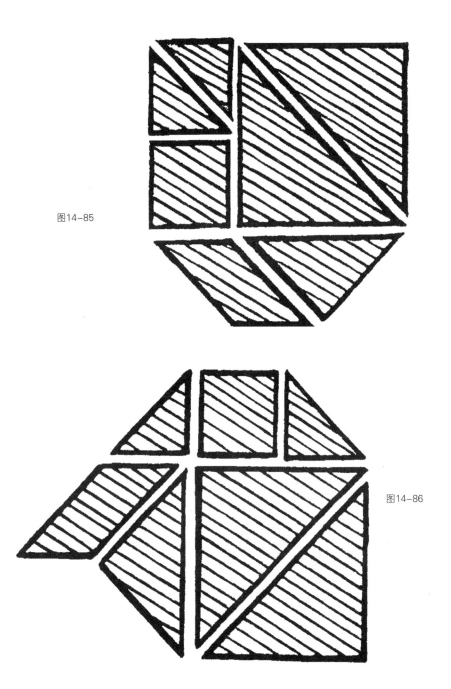

图14-85

图14-86

图14-87

图14-89

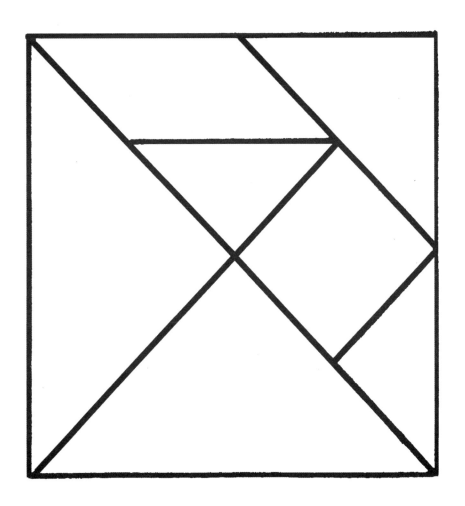

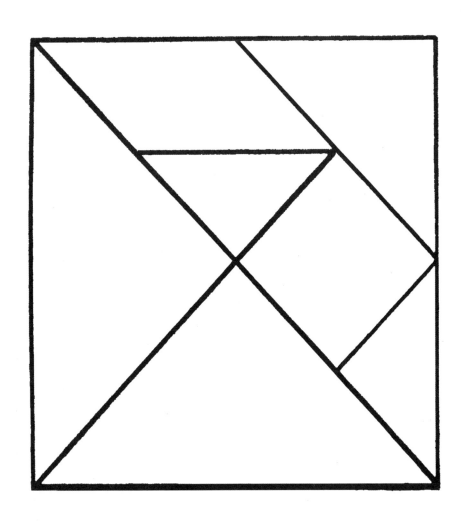

贴在黑色纸板上，沿线剪开

贴在纸板上，沿线剪开

译后记

　　本书基本按照 Перельман Я. И. *Занимательная арифметика* 一书译出，适当删节了我们认为无甚必要的《古老的珠算》一章，并根据Перельман Я. И. *Загадки и диковинки в мире чисел* 的内容作了若干增补。书中最后三章为原书所无，分别取自原作者的另外三部著作：①Перельман Я. И. *Лабиринты*；②Перельман Я. И. *Занимательные задачи и опыты*；③Перельман Я. И. *Фигуры и головоломки из 7 кусочков*. 望读者周知。

　　最后还应对翻译工作的情况略加说明。本书前五章由汤晨同学译出，后九章由本人译出。汤同学是一位优秀的俄语人，她承担了相当一部分重要内容的翻译，对本书的完成做出了关键贡献。此外，圣彼得堡大学俄语语言文学系的叶莲娜·瓦列里耶夫娜·马尔卡索娃女士在原文理解方面提供了指导，北京大学外国语学院俄语系的夏琪同学对大部分章节进行了校对，北京大学出版社的李哲编辑一直对翻译进程加以关注和支持。特此对上述四人致以诚挚的谢意。译者本人才疏学浅，经验有限，书中错漏之处在所难免，恳请读者多多加以批评指正。

王　梓

2016年4月，莫斯科

低科技丛书

998个科学经典项目

适合亲子共同完成

提高孩子动手能力

激发孩子的创造力

让孩子自己动手去创造一个新世界

中国青年出版社